城市饮用水源区生态补偿机制

研究与实践

李中杰　主编

YNK 云南科技出版社
·昆　明·

图书在版编目（CIP）数据

城市饮用水源区生态补偿机制研究与实践 / 李中杰主编. -- 昆明：云南科技出版社, 2023.9

ISBN 978-7-5587-5206-3

Ⅰ. ①城… Ⅱ. ①李… Ⅲ. ①城市用水—饮用水—水源保护—补偿机制—研究 Ⅳ. ①X52

中国国家版本馆CIP数据核字(2023)第177897号

城市饮用水源区生态补偿机制研究与实践

CHENGSHI YINYONG SHUIYUAN QU SHENGTAI BUCHANG JIZHI YANJIU YU SHIJIAN

李中杰　主编

出 版 人：温　翔
责任编辑：代荣恒
封面设计：长策文化
责任校对：秦永红
责任印制：蒋丽芬

书　　号：ISBN 978-7-5587-5206-3
印　　刷：昆明德鲁帕数码图文有限公司
开　　本：787mm×1092mm　1/16
印　　张：10
字　　数：231千字
版　　次：2023年9月第1版
印　　次：2023年9月第1次印刷
定　　价：68.00元

出版发行：云南科技出版社
地　　址：昆明市环城西路609号
电　　话：0871-64134521

编委会

主　编：李中杰

副主编：汪艳如　蔺　莉　李亚丽　郑一新

编　委：（排名不分先后）

支国强　杨　健　张大为　李宗逊　樊　莉

浦文红　熊　健　李文君　侍　宽　李　佳

吕梦华　张　帆　刘　韬

松华坝水库

云龙水库

清水海水库

大河水库

柴河水库

宝象河水库

自卫村水库

红坡水库

大坝水库

前 言

随着经济的快速发展，生态与环境问题成为制约我国经济社会可持续发展的重要瓶颈，虽然国家采取了一系列加强生态保护和建设的政策措施，有力推动了生态状况的改善，但在实践过程中，我国生态环境保护方面结构性政策缺位的问题越来越突出。生态补偿作为缓解当前生态环境问题，协调经济、社会与环境可持续发展的有效手段，在成为国内外学者研究热点的同时，也日益引发关注和思考。

2005年，中国共产党十六届五中全会《关于制定国民经济和社会发展第十一个五年规划的建议》首次提出，按照“谁开发谁保护、谁受益谁补偿”的原则，加快建立生态保护补偿机制；党的十七大将生态补偿机制上升为制度要求，强调建立健全资源有偿使用制度和生态环境补偿机制；党的十八大将生态保护补偿制度作为建设生态文明的重要保障，提出要建立反映市场供求和资源稀缺程度、体现生态价值和代际补偿的资源有偿使用制度和生态补偿制度；党的十九大报告提出要加大生态系统保护力度，建立市场化、多元化生态保护补偿机制；党的二十大报告提出要建立生态产品价值实现机制，完善生态保护补偿机制。目前，建立生态补偿机制已成为社会各界广泛关注的热点问题，生态补偿研究持续深入、生态补偿领域不断拓展、生态补偿试点扎实推进、生态补偿方式不断发展，具有中国特色的“1+N”生态补偿格局基本形成。

昆明市作为全国严重缺水的14个城市之一，经济快速发展、城市不断扩大、人口持续增长的现实对水资源供给提出了越来越高的要求，使昆明市同时面临着资源性、工程性和水质性缺水的多重缺水压力。为满足昆明市不断增长的用水需求，发挥饮用水水源地在昆明全市社会经济发展过程中的基础支撑作用，自“九五”以来相继实施了松华坝水库加固扩建、“2258”引水工程、掌鸠河引水、清水海引水等一系列引水工程项目，现已形成“七库一站”（以云龙、松华坝、清水海3个大型水库为主，大河、柴河、宝象河3个中型、自卫村小型水库及天生桥抽水站为辅）以及“牛栏江—滇池”补水工程作为后备应急水源的供水格局。同时，各级政府不断加大饮用水水源地管理与保护力度，并于2005年在国内率先建立并实施了饮用水源区扶持补助制度，对于有效保障主城饮用水源区群众生产生活、确保昆明主城饮用水源区水质优良、供水稳定以及主城饮用水源安全发挥了重要作用。

本书基于生态补偿理论、国内外研究进展及实践的系统梳理结果，结合饮用水源区特点提出由7个环节组成的饮用水源区生态补偿机制总体框架。在此基础上，针对昆明主城饮用水源区扶持补助办法实施成效及存在问题，以进一步提升扶持补助资金使用效益、全面加强饮用水源区保护管理工作的角度出发，提出不同阶段昆明主城饮用水源区生态补偿机制优化的对策及建议，以期为提升昆明主城饮用水水源地供水安全、实现区域社会经济环境可持续协调发展提供科学支撑。

本书为《昆明市主城饮用水源区基础信息系统调查及扶持补助办法绩效评估》项目的产出成果，相关工作得到了昆明市水务局、昆明市生态环境局、昆明市财政局以及饮用水源区属地管理部门的大力支持。另外，本书还参考了其他单位和个人的研究成果，均已在参考文献中注明，在此表示诚挚的谢意。

受作者认知水平和时间所限，书中难免存在不足之处，敬请广大读者批评指正。

编委会

目 录

\ 第一章 \

生态补偿概述

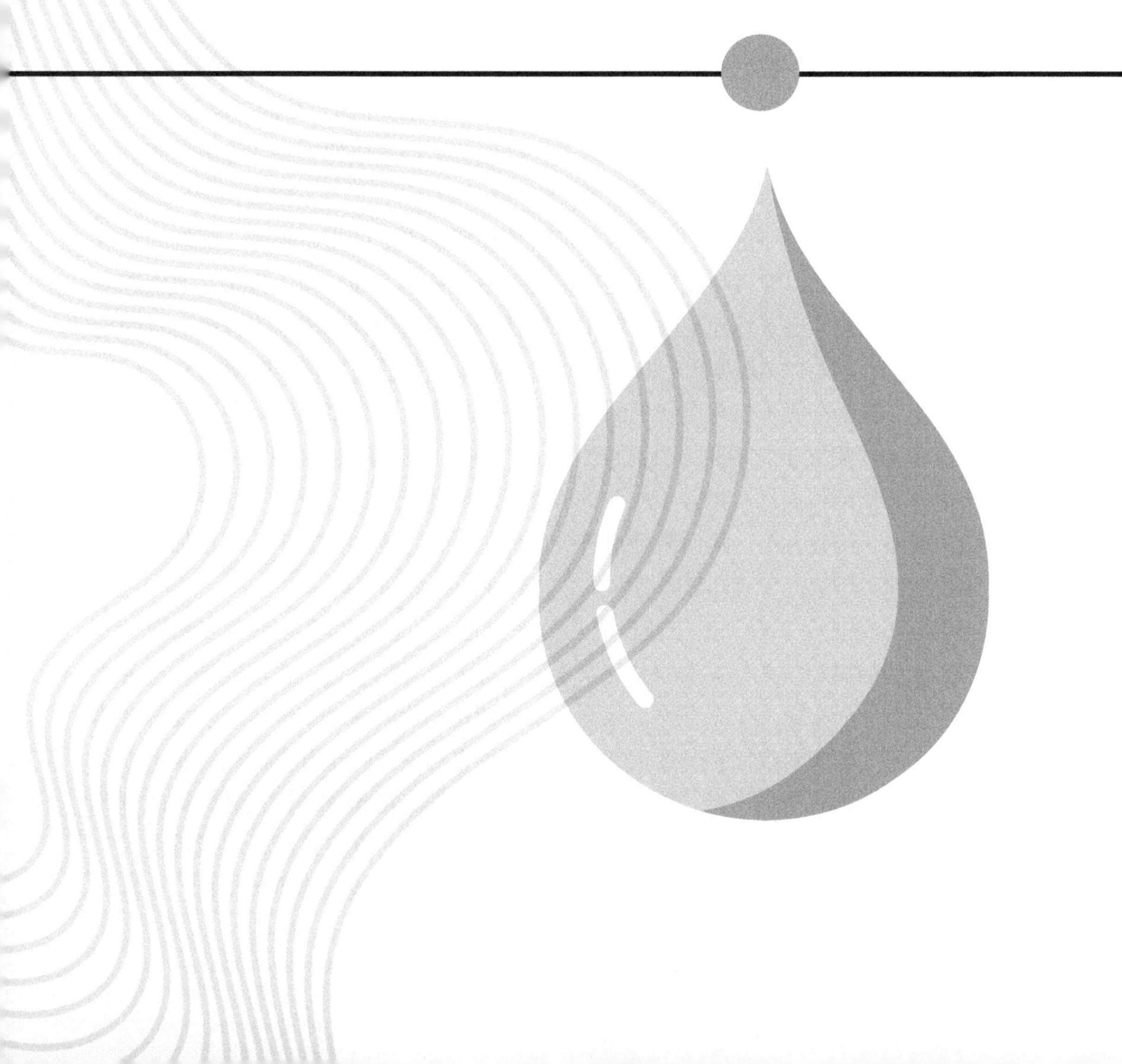

1.1 基本概念

1.1.1 补偿

补偿就其字义来讲就是抵消损失或者是补足差额。根据《辞海》解释，补偿是指某主体因某些原因在某方面有所损失，而在其他方面有所获得的用于抵消损失的收益[1]。

1.1.2 生态补偿

生态补偿本身是一个融合众多学科的概念，各个不同的学科从不同的侧重点对生态补偿进行内涵界定，由最开始的生态学范畴的界定，逐渐扩展为经济学、伦理学、社会学、法学等，目前还未形成一个标准的、统一的定论。

从生态学的角度来看，生态补偿是以自然生态系统为研究对象，侧重研究生态系统的内部规律，强调生态系统的自我调节、自我恢复。如《环境科学大词典》给出的“自然生态补偿”的定义，是指生物有机体、种群、群落或生态系统受到干扰时所表现出来的缓和干扰、调节自身状态使生存得以维持的能力，或可以看作生态负荷的还原能力[2]；叶文虎等人将其定义为，自然生态系统对由于社会经济活动造成的生态环境破坏所引起的缓冲和补偿作用[3]。

从经济学角度出发，一般侧重于研究资源有偿使用意义上的生态补偿，强调的是成本与收益的均衡，主要以庇古税或科斯定理来定义生态补偿。如章铮认为狭义的生态环境补偿费是为了控制生态破坏而征收的费用，其性质是行为的外部成本，征收的目的是使外部成本内部化[4]；庄国泰等人将征收生态环境补偿费看成对自然资源的生态环境价值进行补偿，认为征收生态环境费税的核心在于为损害生态环境而承担费用是一种责任，这种收费的作用在于它提供一种减少对生态环境损害的经济刺激手段[5]；毛显强等人认为生态补偿是指通过对损害（或保护）资源环境的行为进行收费（或补偿），提高该行为的成本（或收益），从而激励损害（或保护）行为的主体减少（或增加）因其行为带来的外部不经济性（或外部经济性），达到保护资源的目的[6]。

从环境法学的视角来看，生态补偿应从公平和正义、权利和义务的角度来定义，强调人与人之间的权利与义务关系的分配。李爱年等人从目的要件、主体要件、行为要件、行为性质等方面来定义生态补偿，认为生态补偿是指为实现调节性生态功能的持续供给和社会公平，国家对致使调节性生态功能减损的自然资源特定开发利用者收费以及对调节性生态功能的有意提供者、特别牺牲者的经济和非经济形式的回报和弥补的行政法律行为[7]。吕忠梅认为狭义的生态补偿指对于生态系统的直接补偿，即指对由人类的社会经济活动给生态系统和自然资源造成的破坏及对环境造成的污染的补偿、恢复、综合治理等一系列活动的总称；广义的生态补偿在此基础上还应包括对利益相关者的间接补偿，即还应包括对因环境保护丧失发展机会的区域内的居民进行的资金、技术、实物上的补偿、政策上的优惠，以及为增进环境保护意识，提高环境保护水平而进行的科研、教育费用的支出[8]。

国外并未提出与生态补偿完全对应的概念，比较类似的概念主要有生态服务付费（Payment for Ecological Services，PES）、生态效益付费（Payment for Ecological Benefit，PEB）、生态/环境服务市场（Market for Ecological Environmental Services，MES）、生态/环境服务补偿（Compensation for Ecological Environmental Services，CEES）等。主要包括对由于发展而削弱的生态功能或质量的替代；为生态服务既得利益者对相应提供者所支付的一种服务费用，以此维持生态服务提供者的良好发展并激励其生态环境保护行为，从而提高生态环境保护的质量水平；以市场经济机制为实施基础，具体通过资源交易满足双方需求，实现生态服务供应与需求的均衡关系并实现其良性发展等。其本质内容为因资源使用者无法实现资源所对应的各类生态环境服务而形成的补偿[10~12]。

综合国内外学者的研究成果，可以将生态补偿定义为：以保护资源环境和生态系统功能、促进人与自然和谐发展为目的，采取财政转移支付或市场交易等方式，对生态保护者因履行生态保护责任所增加的支出和付出的成本予以适当补偿的一种措施。

1.1.3　生态补偿机制

生态补偿的思想被具体化到生态环境管理实践中时，不仅包括环境行政手段，还包括各种有关于此的一系列经济手段、社会手段等，可以被理解为一种资源环境保护的经济性手段，是调动生态保护和建设积极性、促进环境保护的利益驱动机制、激励机制和协调机制[13]。王金南等人从政策学角度提出“生态补偿是一种以保护生态系统功能，促进人与自然和谐为目的，依据生态系统服务价值或生态保护、生态破坏以及发展机会成本，运用财政、税费、市场等手段，调节生态保护者、受益者和破坏者经济利益关系的制度安排”[14]。李文华等人从制度设计的角度出发，认为生态补偿是“通过一定的政策手段实现生态保护外部性的内部化，让生态保护成果的受益者支付相应的费用；通过制度设计解决好生态产品这一特殊公共产品消费中的‘搭便车’现象，激励公共产品的足额提供；通过制度创新解决好生态投资者的合理回报，激励人们从事生态保护投资并使生态资本增值”[15]。中国环境与发展国际合作委员会于2005年成立了生态补偿机制与政策课题组，进行系统研究后认为：“生态补偿是以保护和可持续利用生态系统服务为目的，以经济手段为主，调节相关者利益关系的制度安排；更详细地说，生态补偿机制是以保护生态环境，促进人与自然和谐发展为目的，根据生态系统服务价值、生态保护成本、发展机会成本，运用政府和市场手段，调节生态保护利益相关者之间利益关系的公共制度[16]”。而《生态保护补偿条例（公开征求意见稿）》规定：生态保护补偿是指采取财政转移支付或市场交易等方式，对生态保护者因履行生态保护责任所增加的支出和付出的成本，予以适当补偿的激励性制度安排[17]。

综上所述，生态补偿机制可以理解为：以保护资源环境和生态系统功能、促进人与自然和谐发展为目的，根据生态系统服务功能价值、生态保护成本、发展机会成本等，通过政府干预手段和市场调节机制，协调生态系统保护者与损害者之间、受损者与受益者之间环境与经济利益关系的制度体系。

1.2 生态补偿的理论基础

国内外学术界对生态补偿问题已经开展了大量的研究和实践，获得了丰富的理论成果，其理论基础主要集中在生态学、经济学和法学等学科领域，是诸多学科领域及其交叉学科的理论和原理。当前，针对生态补偿理论基础分析较多的主要有生态系统服务价值理论、可持续发展理论、外部性理论、公共物品理论、博弈理论、主体利益理论、成本与效益理论等方面[5, 17~19]。

1.2.1 生态学理论

1.2.1.1 生态系统服务功能价值理论

现代生态学的核心理论是生态系统理论，主要研究生物与周围环境之间的一种关系。19世纪中期，英国植物生态学家坦斯利（A. G. Tansley）首次提出生态系统的概念，强调生物和环境的整体性，认为在一个给定的自然区域内，所有生物个体与其周围的自然环境之间的都相互作用，能量在相互作用的过程中流动，发生物质循环，维持结构，产生生物多样性[20]。

生态系统服务的内涵是指自然生态系统及其组成物种及其所产生的能够对人类生存和发展有支持作用的状况与过程，就是自然生态系统的结构和功能的存在能够产生出对于人类社会生存和经济发展起到积极促进作用的环境、产品和资源等，这就是通常所说的生态系统服务。人类赖以生存的自然环境条件与效用在生态系统的生态过程产生得以维持，由此给予人类基本生活的食品、药品和生产原材料，这一功能就是生态系统服务功能。生态系统服务功能能够给予人类社会带来的效用就是通常所说的生态系统服务价值。生态系统产品所产生的价值就是生态系统服务的直接利用价值，如水、食物、木材等；无法商品化的生态系统服务功能的价值就是间接利用价值，如净化空气、防洪蓄洪、净化水质、涵养水源、保持水土、维持生物多样性等，生态系统服务价值的核心部分就是间接利用价值。生态补偿之所以能够建立起来是因为生态系统的价值转移，生态系统的价值转移则需要生态系统服务一定得有相应的经济价值，这里的“转移”深刻地体现出生态系统服务是有一定价值的，能够正确并且合理量化生态系统服务功能价值是非常重要的，做好这点将会为科学地进行生态治理、客观公正地把握生态系统服务功能价值起到决定性的作用[21]。

1.2.1.2　生态足迹理论

“生态足迹”又叫“生态占用”，是20世纪90年代初由加拿大大不列颠哥伦比亚大学里斯（Rees）教授提出，并由其博士生Wackemagel进行完善的一种评价可持续发展程度的概念与方法[22, 23]。人类的衣、食、住、行等生活和生产活动都需要消耗地球上的资源，并且产生大量的废物，生态足迹就是用土地和水域的面积来估算人类为了维持自身生存而利用自然的量，从而评估人类对地球生态系统和环境的影响，即在现有的技术条件下，某一人口单位（一个人、一个城市、一个国家或全人类）需要多少具备生产力能力的土地和水域，来生产所需资源和吸纳所衍生的废物。比如说一个人的粮食消费量可以转换为生产这些粮食的所需要的耕地面积，他所排放的二氧化碳总量可以转换成吸收这些二氧化碳所需要的森林、草地或农田的面积，因此它可以形象地被理解成一只负载着人类和人类所创造的城市、工厂、铁路等的巨脚踏在地球上时留下的脚印大小。生态足迹的值越高，代表人类所需的资源越多，对生态和环境的影响就越严重。生态足迹的意义不在强调人类对自然的破坏有多严重，而是探讨人类持续依赖自然以及要怎么做才能保障地球的承受力，不仅可以用来评估目前人类活动的永续性，在建立共识及协助决策上也有积极的意义。

在此基础上，荷兰学者Hoekstra于2002年提出基于消费基础反映水资源利用情况的新方法——水足迹分析方法[24]，并派生出了水足迹理论，“比较优势”“生态安全区域联合与区际协调”“有资源流动”“资源替代”等理论。水足迹是指在一定时间内的一个区域，已知人口消费的所有商品和服务所需要水资源量，既包括人类生活和生产中直接消费的水资源，也包括为人类提供生态系统服务功能的水资源。水足迹客观如实地显示出一个经济社会对于水资源的使用状况，能够评价某一地理区域范围内的水资源安全的整体描述、水资源的承载能力以及对外的依存度等。

1.2.1.3　可持续发展理论

“可持续发展”一词最早见诸1962年美国生物学家莱切尔·卡逊（Rachel Carson）发表的一部引起很大轰动的环境科普著作《寂静的春天》[25]。进入20世纪80年代后，“可持续发展”逐渐成为流行的概念。1987年，以挪威首相布伦特兰为主席的联合国世界与环境发展委员会发表的一篇题为《我们共同的未来》的报告中，正式提出“可持续发展”概念：“可持续发展是指既满足当代需求，又不损害后代满足其需求能力的发展。[26]”这一定义得到了广泛的认同，并在1992年联合国环境与发展大会上取得共识。我国的学者又对此定义作了补充：“可持续发展是不断提高人类生活质量和环境承载能力的、满足当代人需求又不损害子孙后代满足其需求能力的、满足一个地区或一个国家需求又未损害别的地区或国家人群满足其需求能力的发展。[27]”

可持续发展主要包括经济可持续发展、生态可持续发展和社会可持续发展三个方面的内容。从生态方面来讲，可持续发展要求经济建设和社会发展要与自然承载能力相协调，发展的同时必须保护和改善地球生态环境，保证以可持续的方式使用自然资源和环境成本，使人类的发展控制在地球承载能力之内。因此，可持续发展强调了发展是有限制的，没有限制就没有发展的持续。生态可持续发展同样强调环境保护，但不同于以往将环境保护与社会发展对立的做法，可持续发展要求通过转变发展模式，从人类发展的源头、从根本上解决环境问题[28]。实现可持续发展，需要遵循的基本原则如下[29]：

（1）公平性原则。可持续发展强调发展应该追求两方面的公平：一是代内平等，可持续发展要满足全体人民的基本需求和给全体人民机会以满足他们要求较高生活的愿望。二是代际平等，要认识到人类赖以生存的自然资源是有限的，要给世世代代以公平利用自然资源的权利。

（2）持续性原则。持续性原则的核心思想是指人类的经济建设和社会发展不能超越自然资源与生态环境的承载能力，这意味着可持续发展不仅要求人与人之间的公平，还要顾及人与自然之间的公平。

（3）共同性原则。鉴于世界各国历史、文化和发展水平的差异，可持续发展的具体目标、政策和实施步骤不可能是唯一的，但可持续发展作为全球发展的总目标，所体现的公平性原则和持续性原则，则是应该共同遵从的。

1.2.2 经济学理论

1.2.2.1 外部性理论

外部性理论是资源与环境经济学中重要的基础理论之一，揭示了经济活动中一些低效率资源配置的根源，也是生态环境污染和资源破坏的原因之一。“外部性”一词最早源于著名经济学家马歇尔1890年写的《经济学原理》一书[30]。随后，他的学生英国经济学家庇古在其名著《福利经济学》中又研究和完善了外部性问题，将外部性划分为外部经济性和外部不经济性，所谓外部经济性（即正外部性）是指某经济主体的活动使他人或社会受益，而受益者又无须花费代价；外部不经济性（即负外部性）是指某经济主体的活动使他人或社会受损，而造成损害的人却没有为此承担成本[31]。生活中外部性现象很普遍，比如工厂生产过程中的污水排放、公共场所吸烟、“墙内种花墙外香”“前人栽树、后人乘凉”等。根据外部性理论，这两种经济外部性都应该内部化，以纠正经济外部性而造成的市场失灵，消除外部性有很多方法，其中应用最为广泛的是庇古税和科斯定理[32]。

（1）庇古税

庇古指出："生产具有外部不经济性的产品，会导致私人边际成本与社会边际成本的不一致，两者之间的差额就是外部成本。[31]"外部成本的存在，将导致私人最优产出与社会最优产出不一致，而生产具有外部经济性的产品，会导致私人边际收益与社会边际收益的不一致，两者之间的差额就是外部收益。外部收益的存在，也将导致私人最优产出与社会最优产出的不一致。伴随外部不经济性的产出过多和外部经济性的产出不足，都会出现资源配置的扭曲，进而导致市场失灵、资源配置低效。

对于外部性引起的这些问题，庇古认为可以通过恰当的政府干预来解决。一方面，由政府对造成外部不经济性的生产者征税，限制其生产；另一方面，给产生外部经济性的生产者补贴，鼓励其扩大生产。通过征税和补贴的方式，外部效应就内部化了，实现私人最优与社会最优的一致，从而提高了整个社会的福利水平[33]。以庇古税为理论基础的排污收费制度已经成为世界各国环境保护的重要经济手段，国外征收的环境税、碳税以及我国的排污收费、资源税、环境税等，正是"庇古税"的体现。

（2）科斯定理

美国芝加哥大学的经济学家罗纳德·科斯则对庇古的主张进行了批判，提出"非干预主义"，认为政府干预是非理性的，资源配置的外部性是资源主体的权利和义务不对称所导致的，市场失灵是由产权界定不明所导致的，完全可以通过市场机制来解决外部性内化问题。科斯定理概括起来就是说，只要产权界定明晰，在交易费用为零的前提下，完全可以通过市场发挥基础性作用，达到资源的帕累托最优，即通过市场交易可以消除外部性（科斯第一定理）；当交易费用略大于零时，则可以通过合法权利的初始安排，结合市场机制来提高资源配置效率，实现外部效应内部化（科斯第二定理）[34]。可见科斯定理完全可以在生态补偿实践中得到充分利用，关键是如何把握生态环境权的产权合法性界定问题，严格界定的私有产权不但不排斥合作，反而有利于合作和组织[35]；随着科学的发展，很多国家通过制度创新解决了这一难题，比如具有代表性的排污权交易、碳排放权交易制度等。

生态环境的破坏也是外部性的体现。一方面，针对生态环境的破坏具有外部不经济性，由于生态环境是一个统一的整体，任何破坏生态环境的行为都将对他人所享用的生态环境造成破坏。例如，河流上游的居民乱砍滥伐树林，导致水土流失，下游河床不断升高，洪涝灾害频发，下游居民的生活受到一系列消极影响；河流上游地区如果进行排污行为，水质污染又会造成下游大量鱼类死亡，渔民收入骤减，致使下游居民的生产成本增加，但上游的居民为追逐利益加上不需要承担这些增加的成本而继续破坏的行为，造成"环境无价、资源低价"的假象。另一方面，针对生态环境的建设和保护又具有外部经济性，生态建设和环境保护是一种为社会提供集体利益的公共物品或劳务，公众无偿消费，所有人都可以享受它带来的好处。如果上游居民进行植树造林、涵养水源，不仅有利于自己享受清新的空气，而且下游地区也会降低水土流失的风险，同样受益，但是上游地区的植树造林却要增加成本，自身应得收益减少，导致积极性受挫，社会效益也会相应降低。如果不对上游地区的行为进行必要的经济补偿，维持保护行为的积极性，这种外部经济性将难以持续。

1.2.2.2 公共产品理论

按照微观经济学理论，社会产品可以分为公共产品和私人产品两大类，这两类产品区分的根据就是是否具有竞争性和排他性。公共产品理论最早产生于19世纪的奥地利和意大利，根据萨缪尔森的定义："纯粹的公共产品是指这样一种产品，每个人消费这种产品不会导致别人对该产品消费的减少。[36]"相对于私人产品，纯公共产品具有在供给上的非竞争性与消费上的非排他性两大特征，这往往使得公共产品在使用过程中容易产生"公地悲剧"和"搭便车"问题[37]。

1968年，美国学者哈丁在《科学》杂志发表了《公地的悲剧》一文，系统阐述了其内在逻辑：一片草原上生活着一群聪明的牧人，他们各自勤奋工作，增加着自己的牛羊数量，使畜群不断扩大，终于达到了这片草原可以承受的极限，每再增加一头牛羊，都会给草原带来损害。但每个牧人都明白，如果他增加一头牛羊，由此带来的收益全部归他自己，而由此造成的损失则由全体牧人承担，于是牧人们不懈努力，继续繁殖各自的畜群，最终这片草原毁灭了，这便是我们常说到的"公地悲剧"[38]。"公地悲剧"是产权界定不清引起的最严重的激励问题，如果一种资源的所有权没有排他性，就会导致对该资源的过度使用，最终使全体成员的利益受损，即由于每个人都可以非竞争、非排他地使用公共物品，人人追求个人利益最大化的最终结果将是不可避免地导致所有人的毁灭[39]。

"搭便车"问题最早由休谟（Hume）在1740年提出，他认为在一个经济社会，如果有公共物品的存在，免费搭车者就会出现；如果所有社会成员都成为免费搭车者，最终结果是谁也享受不到公共产品[40]。由于政府无法了解每个人对某种公共产品的偏好及效用函数，再加之公共产品的非排他性，使得人们可能从低呈报获得的收益而减少其对公共产品的出资份额（缴税额），在这样的社会条件下，人们完全有可能在不付出任何代价的情况下享受通过他人的捐献而提供的公共产品的效益，即出现了"搭便车"的现象[41]。

人类的生存与发展时时刻刻都离不开环境所提供的一切生活条件，很明显生态环境具有典型的公共产品属性。一方面，每个人对生态资源的消费需求并不影响其他人对该物品的消费；另一方面，任何人都不能因为自己对生态资源的消费而排除他人对生态资源的使用或消费。正是由于生态资源的这种公共产品属性，其消费中的非竞争性往往会导致过度使用的“公地灾难”问题；而其消费中的非排他性则会导致出现供给不足的“搭便车”现象[42]。政府管制和政府买单是有效解决公共产品问题的机制之一，但不是唯一的机制，如果能够通过制度创新让受益者付费，那么生态保护者就同样能够像生产私人物品的生产者一样得到有效的激励。生态补偿机制就是一种通过采取支付补偿金的方式，利用制度设计来激励公共产品的足额提供，从而避免“公地悲剧”，减少“搭便车”现象发生，并激发保护生态环境的积极性，实现经济环境双赢。

1.2.2.3　生态资本理论

长期以来，资源无限、环境无价的观念根深蒂固地存在于人们的思维中，也渗透在社会和经济活动的体制和政策中。随着生态环境破坏的加剧和对生态系统服务功能的研究，使人们更为深入地认识到生态环境的价值，并成为反映生态系统市场价值、建立生态补偿机制的重要基础。“生态资本”主要是指生态系统本身所产生的一系列生态服务都可以认为是基本生产要素，都是人类生存和发展的不可缺少的资源等所涉及的生态服务价值，一般包括以下4个方面：①能直接进入当前社会生产与再生产过程的自然资源，即自然资源总量（可更新和不可更新的）和环境消耗并转化废物的能力（环境的自净能力）。②自然资源（及环境）的质量变化和再生量变化，即生态潜力。③生态环境质量，这里是指生态系统的水环境质量和大气等各种生态因子为人类生命和社会生产消费所必需的环境资源。④生态系统作为一个整体的使用价值，指呈现出来的各环境要素的总体状态对人类社会生存和发展的有用性[43，44]。

由于经济发展水平的进一步提高、人类活动范围的不断扩大，在现代生态系统中，生态环境早已经不是“天然的自然”，而是“人化的自然”。因此，生态环境作为资源是有价值的，其价值的大小受到稀缺程度和开发利用条件的影响，可以通过级差地租或者影子价格来反映，如果生态环境价值变为人类追逐经济利益的手段，那么可以说生态环境价值已经被资本化了[45]。

随着生态产品稀缺性的日益突出，人们意识到不能一贯向自然索取，而要投资于自然，但是随着生态资本的增值，而生态投资者不能得到相应的回报，那么谁又愿意从事这种“公益事业”呢？因此，在对生态产品的投资经营中，必须遵循资本收益递减和生态平衡双重规律[44]，处理好生态环境保护与建设的可持续发展，构建生态补偿的长效机制，才能激励人们从事生态保护投资并使生态资本增值。

1.2.2.4　卡尔多–希克斯改进理论

经济学中最常用的效率判断标准即帕累托标准和卡尔多–希克斯标准，两者各有利弊。经济学界最早对于效率的研究始于维弗雷多·帕累托，美国经济学家约瑟夫·斯蒂格利茨指出："一般而言，经济学家谈到效率，就是指帕累托效率。"[46]但帕累托标准最为理想，往往囿于现实难以达成[47]。另外一种效率标准为卡尔多-希克斯改进理论，其以补偿为侧重点，更看重整体利益和社会整体福利的提升，即在社会资源重新配置的过程中，获利方增加的利益足以补偿受损方减少的利益外还有剩余，则这种重新进行的资源配置就是有效率的，可达到双方都满意的结果[48]。因此，完善的生态补偿制度应满足"卡尔多-希克斯改进理论"，在生态服务中成本的分担与收益的分配趋于合理，推动优质生态产品的供给，激励全社会共同保护生态环境的积极性，形成环境保护和生态补偿的良性互动关系，促进各地区协调发展，推动整个社会的福利增加。

1.2.3 法学理论

1.2.3.1 公平正义理论

公平是最为古老和持久的法律价值之一，我国宪法明确规定法律面前人人平等。人们普遍认为一项法律制度只要公平规定了权利义务，它就正义了，法律通过分配权利义务以确定正义，惩罚违法犯罪以保障正义，补偿受害损失以恢复正义[49]。生态补偿主要是从环境公平的角度出发来体现公平正义的理念，环境公平是指人们都享有利用环境资源，开发环境资源的同等权利，履行保护环境资源同等义务[50]。对环境公平的分类主要分代内环境公平和代际环境公平，其中代内环境公平由国际间环境公平和区际间环境公平组成。

首先是区际公平，属于代内公平的一种。根据代内公平的含义，同时代的人不论种族、国籍、性别、经济发展水平和文化等方面，都能平等地利用自然资源，拥有享受美好环境的平等权利[51]。我国地理位置上的差异造成东、中、西部的自然资源和环境的差异，中西部较东部地区不仅拥有十分富足的自然资源，而且是我国大江大河的源头和生态环境的天然屏障，担负着涵养水源、水土保持等重任，然而迫于经济压力，不得不走上以资源开发为主的道路，从而为东部地区提供了大量廉价原材料、能源支持，可见中、西部地区耗费自己巨大的环境资源为东部经济发展买单，这是明显不公的。依据自然法理念，每个人应平等地承担社会义务，当特定主体为他人做出了某种特别牺牲时，只有通过补偿缓解不公现象；采用补偿的方法可平衡两种失衡的利益双方，使获得特别利益的一方担负成本，体现法律的公平正义价值，故受益的东部地区对中西部的"特别牺牲"提供必要的资金和技术补偿，是环境公平的体现，也是生态补偿制度"谁污染、谁治理；谁受益、谁负担；谁破坏、谁恢复"原则的体现。

其次是代际公平。跨越时代，不同时代的人们也平等地享有各项权利，共同拥有地球上的一切资源，共同享有适宜生存的环境；当代成员在享有地球资源的同时，也担负着同样管理和保护资源的责任，既是受益人，更是义务人[52]。我们要用长远的眼光看待问题，地球上的任何资源环境都是人类共同的遗产，所有的人类都应该享有资源带来的利益，这也是可持续发展的实质内涵，既要满足当代人发展的需求，又不损害后代人享有的环境权利，这也是1972年《联合国人类环境会议宣言》中的主要原则。代际公平的实质就是代际间资源自然的利益分配，人类文明发展到今天，我们不应当仅仅以自己的眼前利益为追求，而要为我们的后代留有幸福的基础，这样才能保证一代又一代永续发展。建立生态补偿制度，将有利于修复已经被破坏的环境资源，减少对还未被破坏的资源环境的错误行为，保护好子孙后代生存的环境，实现最具有价值的公平正义。

1.2.3.2　义务本位理论

法的本位问题主要是涉及在某一权利义务关系中，权利和义务何者为主体、中心、起点的问题。我国的主流思想也是以权利为本位，在我国的宪法、民法中，权利规定都领先于义务的规定处于主导地位，连刑法也都越来越以公民的权利为逻辑起点[53]。而环境法是随着严重的能源危机、资源衰竭、环境污染等危及人类生存而产生的，它本身就不同于民法、刑法所调节的人与人之间社会关系，而是通过人与人之间的关系，最终调节人与自然的关系。

自1972年《联合国人类环境会议宣言》通过以来，只要是与环境有关的国际宣言、声明、法律原则都始终贯穿的原则是——限制，限制意味着有关主体必须承担责任，限制原则的具体化就是各种各样的义务。环境法的终极目标是实现人与自然的协调发展与和谐共处，这就要求人类时刻谨记去保护我们有限的资源，恢复已被破坏的生态环境。人类对环境资源的保护、恢复是一种必然责任，否则将会遭受到更大的灾难，将这种责任落实到参与保护和恢复破坏环境资源各个主体的行为规范就成为了义务，因此保护环境在人与自然的关系中是义务，而非权利。

从权利义务的功能上来看，环境法也是以义务为本位的。法律一般都是通过设定权利—义务主体来主张权利—国家机关或其他组织救济权利的，这种权利功能在民法、刑法、行政法等法律领域是行得通并且成功的，但是运用到环境法领域就行不通了，因为环境侵害的发生有一个漫长的潜伏期，使得真正的受害者难以主张权利。在一般民事、刑事中，必须在危害达到一定程度了才会构成侵权，而环境侵害即使未达到一定程度，但实际上也被污染受到侵害了；即使受害主体主张了权利获得胜诉，但是对环境侵害的赔偿和处罚不足以实现对环境的恢复，权利主体是可以从赔偿中获得赔偿补偿，然而我们的资源环境受到的损害却永远无法恢复了，这又由谁来买单？因此，权利对有效保护环境资源是无能为力的，靠权利功能是难以保护环境资源的，如果环境法以权利为本位，那么也就失去了它存在的意义了。只有在法律上设定环境义务—政府执行法律—义务主体履行环境义务，以义务为本位，要求所有的人对自己的行为负责，不再以人为权利主体，而是以环境资源（人类生存的条件）为权利主体，人们不再把利用环境资源看成行使权利，而是把环境保护看成履行义务，这是一种十分有价值的思维转变，有利于对资源环境的充分保护。

1.3 生态补偿分类

1.3.1 不同分类方式

从不同角度出发，生态补偿可分为各种类型[47]。

（1）从补偿对象可划分为对为生态保护作出贡献者给予补偿、对在生态破坏中的受损者进行补偿等。

（2）从条块角度可划分为“上游与下游之间的补偿”和“部门与部门之间的补偿”。

（3）从补偿方式角度可分为“输血型”补偿和“造血型”补偿等。其中“输血型”补偿是指政府或补偿者将筹集起来的补偿资金定期转移给被补偿方，这种支付方式的优点是被补偿方拥有极大的灵活性，缺点是补偿资金可能转化为消费性支出，不能从根本上帮助受补偿方；“造血型”补偿是指政府或补偿者运用项目支持的形式，将补偿资金转化为实物、人力、技术等安排到被补偿方（地区），其目的是增加落后地区的发展能力，形成造血机能与自我发展机制。

（4）从政府介入程度可分为政府的“强干预”补偿机制和政府的“弱干预”补偿机制。其中政府的“强干预”补偿是指通过政府的转移支付实施生态保护补偿；政府的“弱干预”补偿是指在政府的引导下实现生态保护者与生态受益者之间自愿协商的补偿。

1.3.2 主要补偿类型

（1）法规强制型：国家通过法律法规手段，对可以明确界定的资源环境使用主体征收资源环境税（费），用于对资源环境消耗的补偿。比如，对资源的开发利用主体征收资源税（费），对废污水排放，温室气体排放，固体废物与垃圾堆放，有毒有害物质的排放，化肥、农药、电池、塑料的使用等行为主体征收环境税（费）。在水土保持方面，《中华人民共和国水土保持法》也明确规定，因基本建设项目造成或可能造成水土流失的，必须由项目法人承担水土流失防治费[54]。法规强制型生态补偿应具备五个基本前提：一是建立健全资源环境保护的法律法规体系；二是明确界定补偿主体；三是合理确定补偿税（费）及其对补偿主体的生产经营成本的影响；四是具备权威、高效的执法能力和监控计量手段；五是较低的执法管理体系总成本。

（2）赔偿惩戒型：对违反资源环境保护法规、超过国家强制执行的定额标准、造成资源浪费和环境污染（比如超计划、超定额用水、排污超标等）的行为主体，由相关执法部门处以罚款或累进加价收费；对造成生态破坏或污染事故，损害公共利益或其他社会成员利益的责任主体，进行罚款或按损害程度责令其承担赔偿责任[55]。实施赔偿惩戒型生态补偿的基本前提是：具备明确的执法依据，明确责任主体和受害主体，定量评价造成损失的价值，合理确定罚款、赔偿额和责任主体的承担能力，有效的强制执法手段。

（3）治理修复型：在流域或区域生态系统严重恶化、环境严重污染，但又难以明确界定相关责任主体或划分补偿责任的情况下，通常按照中央政府和地方的管辖权限，以各级政府为补偿主体，对受到严重破坏的生态环境进行修复和治理。如欧洲对多瑙河的治理，英国对泰晤士河的治理，我国对塔里木河、黑河、渭河、石羊河的治理，对“三河三湖”水污染的治理，以及白洋淀、南四湖、扎龙湿地的生态补水、太湖流域的“引江济太”等。在这种情况下，生态补偿的主体实质上是以政府为代表的整个社会经济系统。

（4）预防保护型：为了保护特定生态系统的现状，或者为了避免使现状生态环境质量较好的流域或区域重蹈“先破坏、后修复，先污染、后治理”的覆辙，以政府为主体，以公共财产为主渠道，受益者分担，全社会参与，加大对生态系统的保护和建设投入，以达到维持和改善生态环境质量，实现生态系统良性循环的目标。例如，我国近几年实施的退耕还林（还草），天然林保护工程，减少农业面源污染，建立各类生态保护区、自然保护区等。此外，有的国家和地区在销售商品时对废旧电池和有毒有害物品的包装物实行押金制度，以利于提高这些废旧物品的回收率，减少对环境的危害。预防保护型补偿是前瞻性的，主要着眼于未来的可持续发展，是“人与自然和谐相处”理念的具体体现。

（5）替代转让型：替代转让型补偿是指负有生态补偿责任的行为主体，通过各种间接的或替代的方式，以低于直接补偿的成本来履行其生态补偿义务。比如按照《联合国气候变化框架公约的京都议定书》的规定，以1990年为基准，发达国家到2008年应平均削减温室气体排放量的5.2%，如果某个国家通过经济技术援助，帮助发展中国家减少温室气体排放量，可以抵扣自己的削减指标。在一个国家内部，排污量、减污指标和减污成本较高的企业，也可以到排污权市场上有偿购买排污权予以间接补偿等。这种补偿方式的基本前提是必须明晰资源环境使用权，建立健全资源环境市场，同时替代成本或交易成本必须低于直接补偿成本。

（6）正向激励型：通过“政府引导、市场驱动、公众参与”的形式和“舆论导向、政策扶持、经济激励”的手段，动员全社会的力量投入生态环境保护和建设，以建设资源节约型和环境友好型社会为共同目标。如我国近年来实施的生态文明建设示范区、生态工业示范园区、循环经济示范区、节水型城市和社会建设试点、无废城市建设试点等。与法规强制型和赔偿惩戒型相比，预防保护型和正向激励型补偿从被动补偿转向主动补偿，从事后的“亡羊补牢”转向事前的“未雨绸缪”，这是一种观念的更新和质的飞跃。但是，由于长期以来形成的公共资源低价使用甚至无偿使用的观念很难在短期内彻底改变，政策措施和经济手段的正向激励力度也十分有限，因此在今后相当长的一个时期内，还必须综合运用各种生态补偿形式，并以强制手段和经济手段为主。

（7）共建共享型：流域生态共建共享，就是通过上下游之间和流域内设计的所有行政区之间的协商与合作，以全流域社会经济可持续发展和生态环境良性循环为共同目标，在协商一致的前提下，制定全流域生态环境保护和建设总体目标、各类分项指标、主要工程措施和非工程措施以及实施规划所需的总投入，定量分析各区域和特定市场主体所分享的公益性生态环境效益和直接经济效益，并按照受益比例分担生态环境保护和建设成本，最终达到生态共建、环境共保、资源共享、优势互补、经济共赢的目标。流域生态共建共享机制的建立，将使流域内上下游之间和各区域之间的水事关系从对抗和冲突转向对话和协调，生态补偿形式从单向被动的补偿或赔偿转向双向主动的共建和分担，相互关系从封闭、分割转向开放、合作，最终实现经济一体化和区域社会经济协调发展。

\ 第二章 \

国内外生态补偿研究进展与实践

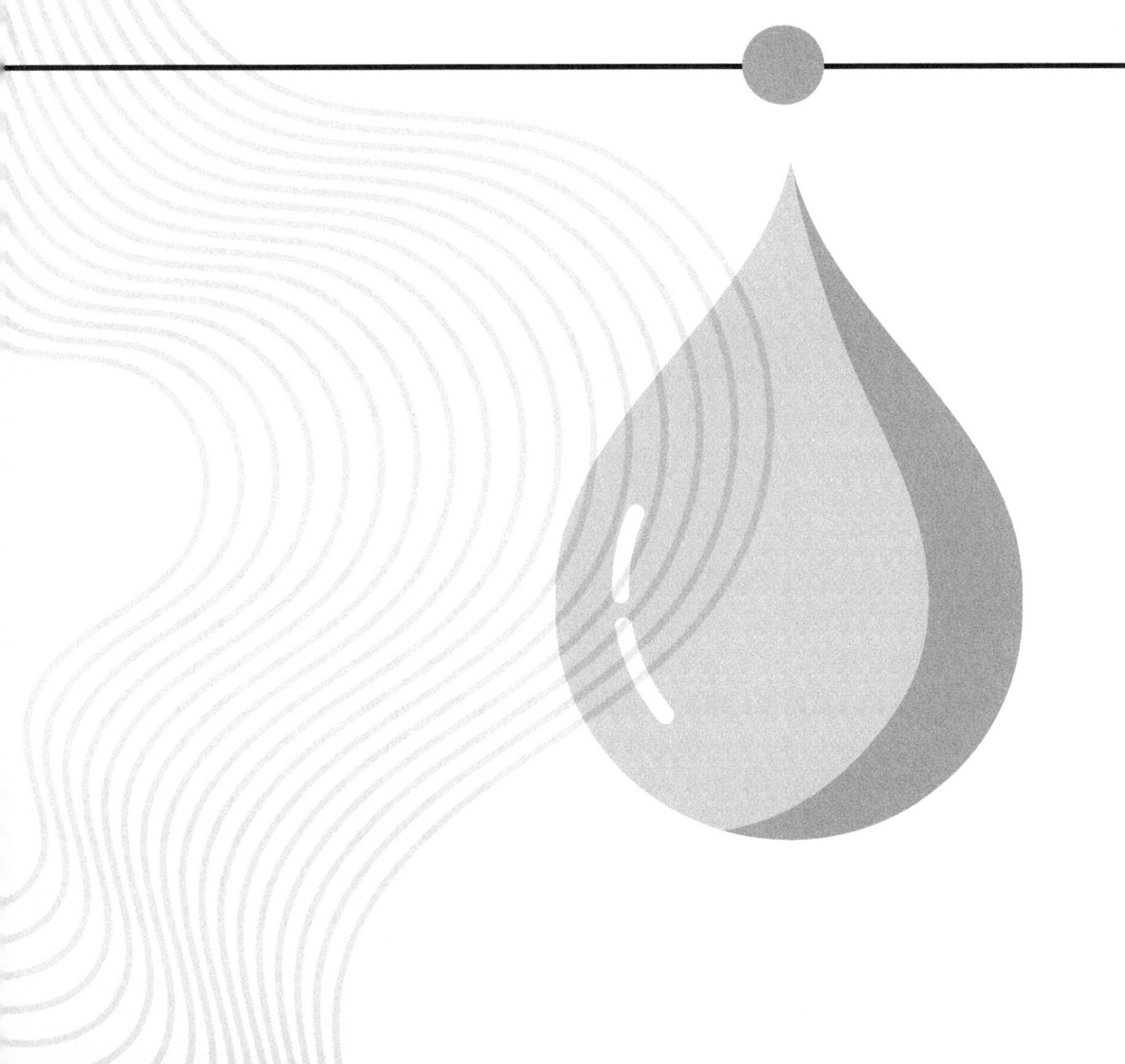

2.1 国外生态补偿研究进展

2.1.1 研究进展方面

国外的生态补偿研究先后经历了从“基础理论—应用理论—生态补偿实践”的过程[56]，其基础理论研究成果包括外部性理论、科斯定理、公共物品理论、生态环境价值论等。在此基础上，不同国家对生态补偿的研究重点各有侧重，如欧洲、北美等发达国家拥有雄厚的经济实力，其研究重点在于补偿金的有效配置，以使得生态补偿的投入能获得最大的收益。

总体而言，国外的研究进展主要集中于以下几个方面：①生态补偿机制的设计。②自然资源开发及其对受损生态系统的经济补偿。③补偿主体、补偿对象之间的关系协调。④评估环境费用和效益的经济价值。⑤补偿标准、补偿渠道、补偿核算体系等。⑥公众参与及公众意愿等。⑦生态补偿立法。⑧从全球可持续发展角度，探讨室温气体排放补偿以及其他（如国际河流等）国家间的生态损害和受益的补偿。⑨流域生态服务功能及其生态补偿机制研究。⑩将生态补偿机制和方法应用于相关的生态环境保护实践中[57]。

2.1.2 生态补偿典型实践案例

自20世纪80年代以来，国外很多国家和地区进行了大量的生态补偿实践，主要涉及流域水环境管理、农业环境保护、植树造林、自然生境的保护与恢复、碳循环、景观保护等。这些生态补偿实践充分利用市场机制和多渠道的融资体系，形成了直接的一对一交易（如美国纽约）、市场补偿（如哥斯达黎加）、区域合作（如德国）、公共补偿（如哥伦比亚）等生态补偿框架体系，构建了多种形式的经济激励机制，但在生态补偿过程中各个国家的做法不尽相同。

2.1.2.1 德国

德国是早期开展生态补偿的欧洲国家之一，而易北河的流域生态补偿政策是比较典型的区域合作的成功范例之一[58]。20世纪80年代，易北河水质不断恶化，但因易北河为跨界河流（上游在捷克，中下游在德国），其开展流域整治难度较大。为了保护易北河水资源环境，减少流域两岸污染物的排放、改善农业灌溉水质，并丰富流域生物多样性。20世纪90年代，易北河上游的捷克和下游的德国拟定共同整治易北河的协议，成立由8个专业小组组成的双边合作组织，制定了分步实施目标，通过生态补偿的方式对水质污染分别从短期、中期、长期进行整治。其中，短期目标（1991年）为制订并落实近期整治计划，降低易北河上游水质的污染程度，同时筹集拟建的7个国家公园的启动资金；中期目标（2000年）为易北河上游的水质达到饮用水标准，河水可用于农用灌溉，河内鱼类能达到食用标准；长期目标（2010年）为使易北河生物多样性明显改善。

按照协议，易北河流域边建起了7个国家公园，占地1500km^2；两岸流域有200个自然保护区，禁止在保护区内建房、办厂或从事集约农业等影响生态保护的活动。通过对上游生态补偿的方式，德国和捷克30年的整治成果非常显著，易北河的水质基本达到饮用水标准，实现了中期目标，而且德国又开始投放绝迹多年的三文鱼于易北河中，存活率较高。

易北河流域整治的成功离不开德国多方筹集资金的努力，其经费来源包括排污费（居民和企业的排污费统一交给污水处理厂，污水厂按一定的比例保留一部分资金后上交国家环保部门）、财政贷款、研究津贴、下游对上游经济补偿。同时，2000年，德国环境部拿出900万马克支援捷克，用于建设捷克与德国交界的城市污水处理厂。德国易北河的生态补偿注重国家区域之间的合作与协调，通过横向转移支付方式实现区域政府间的生态补偿，不仅改变了地区间的利益格局，更均衡了地区间的公共服务水平，为世界各国之间以及国家内部各个地区之间进行生态补偿提供了经验。

2.1.2.2　英国

建于20世纪50年代的英国北约克莫尔斯国家公园是英国最宝贵的自然资源之一。1952年，北约克莫尔斯公园被列为国家公园，面积约为1436km^2，是一片景色奇妙的荒野之地。该公园有35%的杂色沼沼地、22%的林地、40%的农田，其他3%为湖、水库等。北约克莫尔斯国家公园内共有4个村庄，人口数量在25500人左右。区域内土地的所有权有所不同，只有1%为国家公园所有，其他为个人所有和林业公司所有，其中个人私有占83%、林业公司占14.5%、国家信托公司占1.5%。

英国于1985年通过了《北约克莫尔斯农业计划》，是在英国在农场经营中优先考虑生态保护的成功实施案例之一[59]。英国在1981年制定并通过了《野生动植物和农村法》，旨在通过补偿的方式，使农场主放弃部分耕种提供自然景观和野生动植物等更多生态产品，并在该法案第39条明确规定了自愿参与原则，鼓励农场主和国家公园主管部门达成协议，由农场主提供更多的生态产品，而国家公园就生态产品的提供而支付给农场主一定的补偿。北约克莫尔斯农业计划实施以来，涉及90%符合条件的农场主和7441hm^{2}的土地，共达成108份协议，生态补偿经费不断增加，政府每年都会对各项协议进行监察，以确保该方案实现全部目标，实施效果好。

北约克莫尔斯农业计划较为成功，具体表现在以下几点：第一，完善的法律法规是北约克莫尔斯农业计划的基石，法律保护了双方交易的权益，完善的法律法规对北约克莫尔斯农业计划取得成功起到了相当大的作用。第二，生态产品提供方式与生态补偿结合促进北约克莫尔斯农业计划的成效显著，该计划鼓励农民进行低密度种植，通过补偿来弥补农民损失，也刺激地方就业，不断转移增加农业生产的压力。第三，北约克莫尔斯农业计划的社会价值很高，提高农民的环境保护意识，还鼓励农民使用50年前的传统的土地利用方式，从耕作方式等方面保护珍稀动植物或保护物种多样性的相关社会活动。北约克莫尔斯农业计划中政府直接补偿方式，通过提高农民生态意识，通过补偿的方式产出更多的生态产品，保护国家公园不会因过度开发而破坏。

2.1.2.3 美国

美国在经历了传统的工业发展道路之后同样也面临着生态环境建设与保护的众多问题，有效的生态环境保护技术和手段成为美国后工业化阶段的重要目标，生态补偿作为一种旨在促进生态产品产出的经济补偿手段越来越引起人们的重视。

（1）纽约市与上游Catskills流域水权交易

美国生态补偿实践的典型代表是纽约市与上游Catskills流域之间的清洁供水交易[60, 61]。美国纽约市的饮用水水源地位于Croton流域、Catskills流域和Delaware流域的上游，三个饮用水水源地均属于地表饮用水水源，具有流动性，而纽约饮用水源地供水系统却无需对原水进行过滤，可见当地饮用水源保护工作的成效。纽约市约90%的用水来自Catskills和特拉华河，Catskills流域的供水规模为10^6 m^3/a，能为约35000人提供饮用水。根据美国环保局的要求，城市供水水源为河流河水的，若地表水水质不达标，则需要建立净化设施，通过净化后进行供水，若上游来水水质较差，则纽约市每年至少花费63亿美元用于过滤净化，如果上游来水水质较好，则可以免除该项净化措施。因此，美国纽约市政府考虑与上游进行水权交易，决定在10年内投入10亿～15亿美元对上游Catskills流域投资，以改善流域内的土地利用和生产方式，从而使上游来水水质较好，这相当于下游地区购买上游Catskills流域的生态环境服务。

为保证项目的顺利实施，1997年，纽约市和地方市政当局等单位共同签署了协议备忘录，协商确定生态补偿的责任与补偿标准，以期在不影响纽约市北部贫困地区经济发展的条件下，保护饮用水源地。其中，协议备忘录规定了土地征用程序，供水规定和法规，水源地保护与合作管理程序等保护水源地所需的措施；同时，纽约市将在自愿的基础上，以公平的市场价格购买水源地水文敏感区域内开发的土地和保育地役权，并对所获得的土地及摊派的开发权支付税款。除法律保障外，纽约市还通过市场手段进行补偿，纽约市政府与饮用水源地水文敏感区域内的土地权人直接进行交易，购买其未开发的土地和保育地权。补偿资金主要来自政府通过向水资源用户征收附加税、发行纽约市公债及信托基金等，收集到的补偿资金主要补偿上游环保主体，鼓励他们通过改变生产方式进而改善Catskills流域的水质。

（2）田纳西河流域生态补偿

田纳西河位于美国的东南部，全长约1450km，流经7个州后注入俄亥俄河，是密西西比河支流流程最长，水量最大的河流，流域面积达10.6km^2[61]。田纳西河流域的矿产资源和水能资源十分丰富，促进了当地炸药生产和发电产业的发展。为了向第一次世界大战提供炸药生产的原料——硝酸盐，1916年，美国《国防法》授权在田纳西河流域修建两座硝酸盐工厂，同时修建了水电站以便为工厂提供电力，然而直至第一次世界大战结束，水电大坝仍未完工，加之流域内居民对资源的掠夺性开发开采，严重破坏了流域的生态环境。1929年，在田纳西河流域内1300万英亩可耕种土地中有85%发生了水土流失，导致田纳西河流域成为美国最贫穷落后的地区之一。以1933年为例，田纳西河流域的人均收入水平不足全国平均水平的一半，仅为45%。

为改善当地流域污染现状，1933年，美国成立了田纳西河流域管理局，按公司形式成立董事会，行使管理局的一切权利，全面规划和负责该流域的区域规划和建设。田纳西河流域管理局成立初期根据河流的梯级开发和综合利用制订相应规划，对流域内水资源进行生态修复和开发利用。随着群众对环境问题的逐步关注，当局加强了流域内自然资源的管理和保护。田纳西河流域管理局制定的流域开发程序主要内容包括：第一是解决航运和防洪问题；第二是根据流域的资源优势，利用水能资源发展水电；第三是扩大水资源利用范围，加大水资源的综合利用；第四是在水资源改善的前提下开发利用土地资源，调整土地资源与产业结构。此外，政府对具有综合效益的水资源开发工程给予了许多优惠政策，提高了企业进行生态补偿的积极性。

为促进流域居民进行生态保护，田纳西河流域管理局在流域经济发展和居民就业等方面对流域居民进行了直接补偿。除水资源综合开发带来的效益外，生态补偿的实施还取得了其他效益。在电力系统方面，为流域内800万居民提供了廉价电力；在农业方面，田纳西河流域管理局成立了全国最大的肥料研究中心，引导农民科学合理地利用土地资源。同时田纳西河流域管理局还设立了经济开发贷款基金，以促进当地经济的发展。目前，流域管理局以电力经营为主，以电养水的运营方式促进了流域内水资源的管理，在生态补偿上取得了显著成效，改变了贫穷落后的面貌，实现了防洪、发电、水质控制、航运、娱乐和土地综合利用等方面的开发管理。1990年，田纳西河流域人均收入水平达到了全国平均水平的80%，随着成效的进一步加大，该比重还在继续上升。

（3）草地保存计划

鉴于20世纪30年代在美国发生的特大水灾和严重的沙尘暴等自然灾害和农产品价格下滑，美国政府开始全面实施土地退耕计划，通过在退耕地上种植耐久性的草木、乔木和灌木来保护土壤、水源和野生动物[62]。根据《2002年农业法》的授权，美国农业部将通过实施土地休耕、水土保持、湿地保护、草地保育、野生生物栖息地保护、环境质量激励等方面的生态保护补贴计划，以现金补贴和技术援助的方式，把这些资金分发到农民手中或用于农民自愿参加的各种生态保护补贴项目，使农民直接受益。其中，《草地保存计划》是《2002年农业法》授权设立的土地所有者和土地经营者自愿参加的生态保护补贴计划，该计划于2003年6月30日开始实施，由农业部的自然资源保护局和农场服务局负责实施，农业部的林业局参与协作，是农业部首次投入资金和技术对草地实施恢复和保护。其目标是通过购买土地使用权、签订长期租用协议以及提供资金补贴和技术援助的方式，帮助计划参加者恢复草地和灌木地的功能与价值，实现对200万英亩恢复或改良草地、放牧地和牧草地的保护。凡纳入草地恢复协议的土地，根据实施恢复措施的难易程度，最多可分担草地恢复成本的90%。

（4）德尔塔水禽协会承包沼泽地计划

在美国中西部和加拿大南部，有一片77万km^2的沼泽草地，是北美野鸭的主要产地。20世纪50—80年代，由于农业种植等因素的影响，北美野鸭的迁移数量从1亿多只下降到5000万只。为了保护北美野鸭的自然栖息地，1991年，德尔塔水禽协会开始了一项创新计划——承包沼泽地，这项计划是由该协会与农场主约定，用租金的方式承包这些私有土地上的沼泽地，从而保护沼泽地周围的巢穴，使野鸭繁殖增长[62, 63]。

沼泽地承包采取签订合同的方式，在合同的执行过程中，德尔塔水禽协会将土地的租赁期限和野鸭的产量结合起来考核。按照规定，承包人按每年每公顷17美元付给农场主沼泽地保护费，以及74美元的野鸭栖息地修复费。合同规定按野鸭的产量付钱，这样就给了农场主保护沼泽地，特别是野鸭巢穴的动力。该项目执行4年后取得了良好的效果，承包点的数量从1991年的40个增加到1994年的1400个，为各种野鸭提供了安全的栖息地，使这些地区很快恢复为北美的野鸭产地。

2.1.2.4 法国

法国东北部的Rhin-Meuse流域是毕雷威泰尔矿泉水公司的主要水源地，自1980年以来，Rhin-Meuse流域上游奶牛场的污染物排放，加之农民耕种过程中化肥、农药使用等，造成了严重的水环境污染，水质污染给毕雷威泰尔矿泉水公司带来了巨大的损失。毕雷威泰尔矿泉水公司不得不做出选择：其一是设立过滤工厂，对水进行处理后再作为原材料进行加工制矿泉水；其二是把公司迁移到新的水源地；其三是通过向上游购买水质的生态服务，保护该地区水源，即支付上游农场和农民生态补偿，限制上游农业生产过程中不合理的土地利用方式，从而降低水质污染程度，使上游来水水质变好，这种行为模式属于典型的市场模式生态补偿[58, 61]。

毕雷威泰尔矿泉水公司综合分析后得出保护水源是最为节约成本的方法，遂决定选择向奶牛场提供生态补偿，这种方法既保证了经济利益，而且还能促进区域环境的改善。因此，公司与农民协商进行流域生态补偿，通过健康的耕作方式，如少使用杀虫剂等，旨在通过降低面源污染的方式改善水质。根据协议，上游农民将不再使用农药和杀虫剂等影响水质的化学用品并改进牲畜粪便的处理方式，减少面源污染，而毕雷威泰尔矿泉水公司提供给上游农产品和农民经济补贴，以补偿农民减少奶牛农场业、改进牲畜粪便处理方法以及放弃种植谷物和使用农用化学品的损失。

该案例中，毕雷威泰尔矿泉水公司减少了上游生产主体投入水体中硝酸盐、硝酸钾和杀虫剂的含量，产出生态产品，保证了流域水体的天然净化功能。更为人性化的是，毕雷威泰尔矿泉水公司与那些同意将土地转向集约程度较低的乳品业和草场管理技术的农场签订了18～30年的合同，公司每年向每个农场按每公顷土地320美元的价格支付补偿，并且向农场免费提供技术支持，为新的农场设施购置和现代农场建设支付费用。作为交换，所有获得补偿的土地都必须履行合同条款，包括发展以草原为基础的乳品业、实施动物废弃物处理改良技术、禁止种植玉米和使用农用化学品，以减少非点源污染。

需要注意的是，毕雷威泰尔矿泉水公司与农民签署的这份协议属于私人协议，基本属于市场交易范畴，政府仅仅支付总体费用的很小一部分。

2.1.2.5　澳大利亚

澳大利亚是农业大国，长期以来因牧场利用和农业开发，澳大利亚处于土地开垦和发展阶段，生态系统服务功能不断下降，带来了土壤盐碱化、酸化、生物多样性损失、水环境质量下降和土壤流失等一系列环境问题。为达到生态保护的目的，澳大利亚流域管理机构结合区域生态服务特性，从管理人们日常行为逐步向市场手段过渡，设计了低成本、高效率的市场手段以实施流域生态补偿[61]。

2005年，澳大利亚流域管理机构通过反向拍卖的方式，以最低的成本将土地进行拍卖，解决了威默拉流域28000hm^{2}盐碱地含水层的再补给问题。土地所有者对提供的目标服务申请资源价格，流域管理机构根据预测减少的盐分单位成本将价格进行分类，之后对现金补偿进行核实或确定保留价格。除反向拍卖进行生态补偿外，新南威尔士州通过盐分信用的形式控制土壤盐分，麦夸里河流域食物与纤维协会（由600个灌溉农场主组成）与新南威尔士州林务局达成协议，生态补偿标准是通过向州林务局购买盐分信用确定，具体核算标准为麦夸里河流域上游新建的100hm^{2}森林的蒸腾水量来计算，州林务局拥有上游土地所有权，通过植树来获取蒸腾作用或减少盐分利用。麦夸里河流域食物与纤维协会的下游用水户可以购买这些盐分信用，价格以每年多蒸腾的水量计算，目前农场主以每蒸腾100万升水缴纳17澳元的价格进行支付，或按每年85澳元/hm^{2}的价格进行补偿，州林务局再利用该协会支付的资金进行造林活动，进一步扩大森林的蒸腾量。

2.1.2.6　哥斯达黎加

哥斯达黎加位于中美洲南部，其对于森林生态补偿制度的探索开始于20世纪80年代，并在1996年生效的《森林法》中作出详细规定。此后又几经调整，形成了比较完善的森林生态补偿制度法律体系，并在实践中取得了比较成功的经验，得到了国际上的公认[60, 61]。哥斯达黎加的《森林法》规定，来自天然林、树木种植、经济林种植所提供的固碳、水资源保护、生物多样性保护以及观光风景服务可以得到补偿。补偿标准的制定依据土地利用的机会成本，通常高于放牧地的租金费，具体补偿标准是：通过植树提供上述服务的土地拥有者可以得到平均540美元/hm^{2}的补助；通过保护和恢复森林提供上述服务的土地拥有者可以得到平均210美元/hm^{2}的补助（上述两项补助均分5年支付）；通过经济林种植提供上述服务的土地拥有者，可以得到每棵树0.8美元的补助，每5年为1个合同期，到期时根据监测和评估结果进行下一期合同谈判。

国家森林基金的筹资来源是生态补偿制度能够稳定实施的重要保障。1996年《森林法》为国家森林基金规定了非常多样化的资金来源，主要包括：①国家投入资金，包括化石燃料税收入、森林产业税收入和信托基金项目收入。②与私有企业签订的协议。③项目和市场工具，主要包括来自世界银行、德意志银行等国际国内组织的贷款和捐赠、国际债务交换、金融市场工具如债券和票据等。目前，国家森林基金的资金85%来源于化石燃料税，8%来自政府财政、世界银行、全球环境基金和其他国家银行的政府贷款，7%来自企业自愿付费和国际碳汇交易收入。国家森林基金组织通过与环境能源部、有关民间咨询机构和非政府组织等项目执行机构签订项目协议实施环境服务付费项目；保护区域的土地拥有者与项目执行机构签订协议，土地拥有者根据协议在其土地上从事造林、森林保护以及森林管理等的活动，森林基金委按照约定支付生态补偿费用。

哥斯达黎加通过实施森林生态补偿制度，在全国范围内产生了积极的效果：一是森林覆盖率持续回升，从1995年至2004年，国家森林基金共启动了约9000万美元用于生态补偿项目，受到保护的天然林占地面积为45万hm^2，约占全国陆地总面积的8%；1987年，哥斯达黎加的森林覆盖率为21%，1997年，提升到了42%，2000年，提升到47%。二是全国范围内对森林价值的认同，哥斯达黎加森林的价值已经远远不限于为人类提供木材和纤维，森林所有者被看作是环境服务的提供方，森林保护已经成为营利的商业。三是受益农户生活改善，1995—2004年，全国共有10%的农户（约7000户）加入到了环境服务提供方的行列，接受国家森林基金的支付，客观上对解决农民的脱贫问题和资源的再分配起到了一定的推动作用。从实施以后的效果来看，森林生态补偿制度不再仅仅被视为保护生物多样性和提高森林覆盖率的一项工具，而被看作是农村地区在造林和生物多样性保护的同时保持可持续发展的驱动力量。

2.1.2.7 其他国家

（1）厄瓜多尔

厄瓜多尔于1998年开始启动首都基多的流域水土保持基金，它是厄瓜多尔通过建立信用基金补偿制度促进流域保护的第一次尝试[58, 64]。基金来源包括：MBS-Cangahua灌区、流域下游农户、水电公司HCJB、Papallacta温泉、基多市政水务公司（缴纳水销售额的1%）以及国家和国际补充资金。基金自2000年开始运作，由一个公司来运作（Enlace Fondos），公司设有理事会，成员来自地方社区、水电公司、保护区管理局、地方NGO以及政府。流域水保基金用于保护上游Cayambe-Coca流域的水土，以及上游的Antisana生态保护区，具体的活动包括购买生态敏感区土地、为上游居民提供替代的生计方式、农业最佳模式示范、教育和培训等。

（2）日本

日本战后经济的高速发展导致了严重的环境污染和人体健康受害，再加上日本是一个自然灾害频发的岛国，民众和政府对于生态保护制度以及实施效果非常重视。日本很早就认识到建立水源区利益补偿制度的必要性，分别为在1972年、1973年制定了《琵琶湖综合开发特别措施法》和《水源地区对策特别措施法》。目前，日本水源区所享有的利益补偿共由3部分组成：水库建设主体以支付搬迁费等形式对居民的直接经济补偿；依据《水源地区对策特别措施法》采取的补偿措施；通过“水源地区对策基金”采取的补偿措施[64]。1954年，日本修订了《保安林临时措施法》，建立了较完备的“保安林”补偿制度，还通过《自然公园法》等法律建立了完善的公用限制补偿制度。为了解决缺水问题，充分发挥森林涵养水源作用，日本建立了水源林基金网，由河川下游的受益部门采取联合集资方式补贴上游的林业，用于河川上游的水源涵养林建设，这种形式已经成功地运作了100多年[62]。此外，民间还设立“绿色羽毛基金”制度来支持森林建设事业，政府将保安林制度作为基本国策加以贯彻。具体包括：损失补偿，对于禁伐、择伐等采伐限制给森林所有者造成的经济损失，经过资质机构的评估，按年度给予全额补偿；在税收优惠和财政补贴上也是双管齐下，特定区域税收得以减免，对于保安林的抚育和采伐后的再造，都给予高于一般林地的财政补贴；享受低利率、长期限的政策性贷款和诸多的项目支持[65]。

（3）巴西

巴西国家森林基金规定，私人造林地可免除5亩（1亩≈666.7m^2）地产税，按树种分别减免林木收入税10～30亩，对森林资产还可减免75%的财产转移税，通过税收政策实现对生态环境保护者的补偿，并采取由受益团体直接投资、建立特别用途税及发行债券等方式开辟林业资金渠道。同时，巴西利用激励机制提高土地利用率和生态效益，在亚马孙河流域范围内，政府允许那些从农业生产中获得较高收益但违反了国家法律规定的农户，向那些把森林覆盖率保持在高于80%以上的农户购买其森林采伐权，从而使整个地区的森林覆盖率努力保持在国家所规定的80%的标准[62]。

（4）瑞典

生态税收规模大、种类多是瑞典保护环境政策的突出特点[62]。如瑞典森林法规定，如果某块林地被宣布为自然保护区，那么该地所有者的经济损失由国家给予充分补偿，瑞典主要是通过生态税收来强制实施环境保护。目前，瑞典的生态税收主要是对能源的征税，从而使环保资金得以保证。

（5）芬兰

芬兰采用国家购买的方式对生物多样性价值给予补偿，林主可以将自己森林的自然价值卖给政府，政府从中进行选购，价格由公共团体进行制定，销售森林自然价值的林主每年每公顷可以获得50～280欧元的经济补偿[62]。

2.2 国内生态补偿研究与实践

2.2.1 我国生态补偿工作发展历程

中华人民共和国成立后，特别是改革开放以来，我国经济迎来了前所未有的持续快速增长，在工业化、现代化、城市化的高速发展过程中，资源掠夺式利用问题、环境严重污染和环境损害问题逐渐成为经济社会发展过程中的伴生现象，大气污染、水体污染、土壤污染及固体废弃物等环境问题在我国工业化初中期集中显现。如何处理经济快速增长与资源环境的掠夺式消耗之间的尖锐矛盾，我国在改革开放之初就将治理环境污染和环境破坏的环境保护置于国家战略的高度，并逐步将正外部性内部化的生态补偿作为环境保护的一个重要方面，生态补偿成为中国环境保护政策框架中的附属部分并加以贯彻执行。自20世纪70年代中后期以来，我国已在生态环境的保护与建设工作中开展了许多针对生态补偿的探索性尝试，经过40多年的研究与发展，我国生态补偿制度设计从分散体现到明确聚焦，补偿领域从单因素起步到综合布局，补偿模式从自上而下到多元参与，生态保护补偿制度基本建立，已成为我国调节保护和发展利益关系、促进生态文明建设的重要政策手段[66, 67]。

2.2.1.1 探索阶段（1992年以前）

20世纪70年代，由于缺乏护林经费，四川青城山森林乱砍滥伐现象十分严重，使其一度面临生态危机，后来成都市政府决定将青城山门票收入的30%用于护林，并作为一项制度确立下来，有效地制止了盗伐林木的现象，开始了中国森林生态效益的补偿。1978年，我国最大的生态工程——三北防护林工程启动。1983年，云南省环保局首先对磷矿开采征收覆土植被及其他生态环境破坏恢复费用，由此拉开了我国生态补偿的帷幕[6]。

这一时期，我国学者自发地从生态学角度对生态补偿进行探讨，认为生态系统与人类生存的环境应是相互协调、相互补偿的关系；也有学者提出从相关受益部门的利润中提取一定比例作为补偿金，如用经济手段解决森林生态价值与森林生态效益的补偿问题，从而渐渐赋予了生态补偿经济学意义。

2.2.1.2 起步阶段（1992—2004年）

1992年6月3—14日，在巴西里约热内卢召开了联合国环境与发展大会，这次大会是在全球环境持续恶化、发展问题更趋严重的情况下召开的，促进了全球环保意识的提高，发达国家和发展中国家都认识到环境问题对人类生存和发展的严重威胁，认识到解决环境问题的迫切性[68]。会议达成了《关于环境与发展的里约热内卢宣言》《21世纪议程》《关于森林问题的原则声明》，通过了《联合国气候变化框架公约》《生物多样性公约》。

1992年，我国《关于出席联合国环境与发展大会的情况及有关对策的报告》明确提出："各级政府应更好地运用经济手段来达到保护环境的目的。按照资源有偿使用的原则，要逐步开征资源利用补偿费，并开展征收环境税的研究。研究并试行把自然资源和环境纳入国民经济活动核算体系，使市场价格准确反映经济活动造成的环境代价。[69]"在这一时期，国家于1994年起开征矿产资源补偿费，1997年起实施《中华人民共和国矿产资源法实施细则》，较早地开展了矿产资源生态补偿工作；1998年长江洪水之后，面对生态破坏的严峻现实，国家开始重视生态环境，实施了退耕还林还草、退牧还草、天然林资源保护、防护林体系建设、青海“三江源”生态保护、水土流失治理、荒漠化防治等一系列具有生态补偿性质的重大生态建设工程[56]。

在这一背景下，我国生态补偿开始了主动的、大规模的研究工作，很多学者针对生态补偿的必要性、迫切性进行了呼吁，并且针对生态补偿的概念、内涵、研究目的、意义以及生态补偿费的征收依据和标准、征收范围和对象、征收办法及征收后对物价造成的影响进行了研究和讨论[70]，研究领域由森林生态补偿、矿产资源生态补偿逐渐向流域生态补偿、自然保护区生态补偿、西部生态敏感区生态补偿扩展[71]。1998年，《中华人民共和国森林法》修订时首次规定“国家设立森林生态效益补偿基金，用于提供生态效益的防护林和特种用途林的森林资源、林木的营造、抚育、保护和管理”，为开展森林生态效益补偿制度奠定了法律基础。此后，《中华人民共和国水土保持法》《中华人民共和国矿产资源法》《中华人民共和国草原法》《中华人民共和国水污染防治法》《中华人民共和国海洋环境保护法》等专项法修订时均增加了生态保护补偿的相关规定[66]。

但总体来看，该时期我国的生态补偿政策相对分散，概念尚未统一，我国资源环境领域法律法规中相对“碎片化”地体现了生态补偿的理念，相关规定分散在大气、海洋、草原、水等各类环境与资源单行法中，且大多是围绕某一种生态要素或为实现某一种生态环境保护目标设计，没有统一的概念和主体。

2.2.1.3　试点阶段（2005—2012年）

2005年，中国环境与发展国际合作委员会成立中国生态补偿机制与政策研究课题组，通过广泛的调查研究，多次召开国际会议，完成了中国生态补偿机制与政策研究报告，提出中国生态补偿机制的战略与总体框架，并对流域、矿产资源、森林、自然保护区的生态补偿机制与政策研究进行了案例分析[16]。

与此同时，国家也适时出台了相关政策，国家“十一五”“十二五”规划纲要、国务院工作要点、环境保护和生态脆弱区保护规划纲要等文件均明确提出要建立生态补偿机制。2005年，中国共产党十六届五中全会《关于制定国民经济和社会发展第十一个五年规划的建议》首次提出，按照“谁开发谁保护、谁受益谁补偿”的原则，加快建立生态保护补偿机制[72]。2007年，原国家环境保护总局印发《关于开展生态补偿试点工作的指导意见》（环发〔2007〕130号），多领域的生态保护补偿工作开始在全国展开，纵向生态保护补偿机制是这一阶段的主要内容，即通过中央财政设立生态保护补偿专项资金，并以转移支付等方式支持生态保护。2009年，财政部印发《国家重点生态功能区转移支付（试点）办法》，中央财政在一般转移支付项下设立对国家重点生态功能区的转移支付。2010年，《全国主体功能区规划》明确了重点生态功能区、禁止开发区的功能定位和管控要求，既对生态产品供给者的作用进行确认和认定，又对建立生态补偿制度以维持主体功能提出了迫切需求。2010年，国务院决定将研究制订生态补偿条例列入立法计划，发展和改革委员会与有关部门起草了《关于建立健全生态补偿机制的若干意见》（征求意见稿）和《生态补偿条例》（草稿），提出中央森林生态效益补偿基金制度、重点生态功能区转移支付制度、矿山环境治理和生态恢复责任制度，初步形成了生态补偿法规的大体框架[66]。

这一时期以“谁开发谁保护、谁受益谁补偿”的原则来指导建立生态补偿机制，如提出建立自然保护区、重要生态功能区、矿产资源开发和流域水环境保护等重点领域生态补偿标准体系，但没有对其标准进行界定；提出设立国家生态补偿专项资金，推行资源型企业可持续发展准备金制度，但未对准备金的标准进行规定。尽管这一时期的法规还存在以上种种问题，但不影响其在我国矿产资源开采、森林、草原、水土保持、国家重点生态功能区等重点领域形成生态补偿制度的基本框架[66]。

2.2.1.4 完善阶段（2012年以来）

党的十八大把生态文明建设纳入中国特色社会主义事业“五位一体”总体布局，提出要建立反映市场供求和资源稀缺程度、体现生态价值和代际补偿的资源有偿使用制度和生态补偿制度。通过生态补偿明确界定生态保护者与受益者的权利义务、通过生态补偿实施空间保护战略、促进发达地区与欠发达地区、不同分层的社会群体共享改革发展成果，对于推动生态文明建设、促进人与自然和谐发展具有划时代意义。围绕建立、健全生态保护补偿制度，国家出台一系列有关生态环境保护和生态补偿的政策法规，进一步调整生态补偿的原则和目标，完善生态补偿的对象、标准、主体和手段，探索如何改革生态补偿的体制机制，使得我国分项政策和综合政策组合的生态补偿政策体系逐步到位[66]。

2013年，中国共产党十八届三中全会通过《中共中央关于全面深化改革若干重大问题的决定》，其中就生态补偿制度做出了重要部署。提出要推动地区间建立横向的生态补偿制度，全国多区域开始探索开展跨省流域上下游横向生态保护补偿。

2014年，中共中央、国务院《关于全面深化农村改革加快推进农业现代化的若干意见》（中发〔2014〕1号）第一次在顶层设计中明确了全要素、全领域的生态补偿制度；同年，新《中华人民共和国环境保护法》修订时将“国家建立、健全生态保护补偿制度”正式列为法定制度。

2015年，中共中央、国务院印发《关于加快推进生态文明建设的意见》（中发〔2015〕12号）、《生态文明体制改革总体方案》（中发〔2015〕25号）等顶层设计文件。从生态文明建设角度出发，明确生态文明制度体系应当涵盖生态补偿机制这一重要命题，其中关于完善生态补偿机制的相关要求成为近年来我国生态补偿机制政策的总纲和引领。

2016年，中共中央、国务院印发《关于健全生态保护补偿机制的意见》，中央各部委先后出台了多部关于生态保护补偿制度的政策文件。初步建立了纵向横向相结合的生态保护补偿制度，并逐渐迈向市场化、多元化的发展轨道。

2018年印发的《建立市场化、多元化生态保护补偿机制行动计划》以及2019年出台的《生态综合补偿试点方案》对生态补偿制度提出了新要求，将引导社会资本投入生态补偿领域、发展生态优势特色产业、增强生态产品供给地区的自我发展能力等作为生态补偿制度进一步拓展的重要突破口。

2020年，自2010年开始起草的《生态保护补偿条例（公开征求意见稿）》及起草说明再次向社会公开征求意见，明确了森林、草原、湿地、水流、荒漠、禁渔、耕地、重点生态功能区和自然保护地共9类生态补偿的制度安排和资源使用权交易、排污权交易、绿色产业发展支持机制等4类社会主体交易机制，待《生态保护补偿条例》正式出台后，我国生态保护补偿在法律保障方面将得到进一步加强。同年12月制定发布的《中华人民共和国长江保护法》第七十六条对“国家建立长江流域生态保护补偿制度”进行了界定和说明，在立法层面进一步加快了形成符合我国国情、具有中国特色的生态补偿制度体系的进程。

总体来看，党的十八大以来，生态补偿制度建设路线图日益明朗，具有中国特色的“1+N”生态补偿格局基本形成。森林、矿产、草原、湿地、流域、重点生态功能区、耕地、荒漠、海洋等重点领域开展的大量生态补偿实践取得了良好的效果，生态保护补偿制度走向市场化、多元化改革的快轨[73，74]。

2.2.2　重点领域生态补偿实践

我国不同领域生态保护补偿机制进展不一，生态保护补偿机制较为健全的有森林、矿产、重点生态功能区、草原、流域及水源地等领域，生态保护补偿机制基本形成的有湿地、耕地等领域，生态保护补偿机制仍处于探索阶段的有海洋、荒漠等领域[73]。

（1）森林方面：我国相继实施了“三北”防护林体系工程、长江流域等重点地区防护林体系建设工程、天然林资源保护工程、森林生态保护建设工程以及退耕还林工程等重大生态建设工程，开始了以生态建设工程为依托的生态补偿实践。2000年以后，《中华人民共和国森林法》确立了森林生态效益补偿基金制度；2001年，财政部同意设立森林生态效益补助基金（财农〔2001〕5号），主要用于提供生态效益的防护林和特种用途林（统称生态公益林）的保护和管理，标志着森林生态效益补偿制度的正式确立[75]。

目前，各省（自治区、直辖市）建立了省级财政森林生态效益补偿基金，部分省份通过省级财政或市、县级财政配套，进一步提高了国家级生态公益林的补偿标准，用于支持国家级公益林和地方公益林保护。例如山东省省级财政安排专项资金，同时组织市、县财政分别对省、市、县级生态公益林进行补偿，形成了中央、省、市、县四级联动的补偿机制。广东省由省、市、县按比例筹集公益林补偿资金。福建省从江河下游地区筹集资金，用于对上游地区森林生态效益补偿。各地对地方公益林的补偿标准，东部地区明显高于中央对国家级公益林补偿标准，西部地区则大多低于中央补偿标准。

（2）矿产资源开发方面：《国务院关于全面整顿和规范矿产资源开发秩序的通知》（国发〔2005〕28号）提出，针对矿山生态环境问题，要探索建立恢复补偿机制。2006年，《矿山环境治理恢复保证金制度》颁发，标志着国家层面以矿山环境治理恢复保证金制度为代表的矿山生态环境恢复补偿制度正式建立[76]。2017年起，国家对矿山环境治理恢复保证金做出调整，调整后设置为矿山环境治理恢复基金，明确将矿山企业作为恢复主体。例如，江苏省于1989年颁布了《江苏省集体矿山企业和个人采矿收费实行办法》，规定对集体矿山企业和个人采矿按照销售收入的2%～4%征收矿产资源费和环境整治资金；浙江省于2000年在《浙江省矿产资源管理条例》中规定了矿山生态环境治理备用金制度，由采矿权人与国土资源部门签订矿山生态环境治理责任书并分期缴纳治理准备金；山西省从2006年开始进行生态环境恢复补偿试点，对所有煤炭企业征收煤炭可持续发展基金、矿山环境治理恢复保证金和转产发展资金，颁布了资金管理的相关规定。目前，全国还有江西、福建、湖北、重庆、辽宁、吉林、天津等省（直辖市）建立了矿山环境治理和生态恢复责任机制，有31个省（自治区、直辖市）建立了矿山环境恢复治理保证金制度。

（3）重点生态功能区方面：2008年，财政部发布《国家重点生态功能区转移支付（试点）》，将国家重点生态功能区转移支付首次设立在均衡性转移支付项下[77]。2009年，全国重点生态功能区生态保护补偿正式实施。省级层面上，江苏省和云南省参照中央政府的做法，率先建立了覆盖全省的重点生态功能区转移支付制度。2008年，辽宁省财政厅《辽宁省东部重点区域生态补偿政策实施办法》界定了区域生态补偿的范围、补偿资金测算指标、补偿资金计算公式、补偿资金下达和管理以及相关部门的职责等内容；青海省于2010年将《三江源生态补偿机制总体实施方案》上报国务院审批，首次探索建立了三江源生态补偿长效机制；江西省从2011年起每年安排1000万元专项资金，设立省级自然保护区奖励制度；福建省安排生态保护财力转移支付资金，采取补助和奖励相结合的方式，支持限制开发区域和禁止开发区域增强公共服务保障能力；广东省安排专项财政资金，支持26个纳入省级重点生态功能区的县开展生态修复和改善民生；海南省于2015年建立了“海南省非国家重点生态功能区转移支付市县生态转移支付”制度，将省内未被纳入国家重点生态功能区的县区纳入转移支付范围。

（4）草原方面：2011年，财政部和农业农村部颁发了《草原生态保护奖励补助政策》，我国的草原生态补偿制度正式建立[78]，在蒙甘宁西部荒漠草原、内蒙古东部退化草原、新疆北部退化草原和青藏高原东部江河源草原等地分别实施了退耕还草工程、退牧还草工程以及草原生态保护补助奖励政策。例如，内蒙古自治区多渠道筹集国家草原生态保护奖补配套资金；甘肃省相继颁布了一系列的规范性文件，要求加快落实草原生态保护补助奖励政策，并将该省草原分为青藏高原区、黄土高原区和荒漠草原区，实行差别化的禁牧补助和草畜平衡奖励政策，将减畜任务分解到县、乡、村和牧户，层层签订草畜平衡及减畜责任书；青海省建立了三江源保护发展基金，在三江源试验区率先开展草原生态管护公益岗位试点。

（5）流域和水源地方面：在中央财政支持重点流域生态补偿试点的同时，各地积极开展流域横向水生态补偿实践探索。新安江流域生态保护补偿自2012年启动实施，成为我国首个跨省流域生态保护补偿试点，目前已经实施的三轮试点共安排补偿资金52.1

亿元，是我国跨省流域横向生态补偿的具体实践，是生态文明体制和制度改革的重大创新。浙江省在全省8大水系开展流域生态补偿试点，对水系源头所在市、县进行生态环保财力转移支付，成为全国第一个实施省内全流域生态补偿的省；江西省安排专项资金，对“五河一湖”（赣江、抚河、信江、饶河、修河和鄱阳湖）及东江源头保护区进行生态补偿，补偿资金的20%按保护区面积分配，80%按出境水质分配，出境水质劣于Ⅱ类标准时取消该补偿资金；江苏省在太湖流域、湖北省在汉江流域、福建省在闽江流域、云南省在洱海和滇池流域分别开展了流域生态补偿，断面水质超标时由上游给予下游补偿，断面水质指标值优于控制指标时由下游给予上游补偿；北京市安排专门资金，支持密云水库上游河北省张家口市、承德市实施“稻改旱”工程，在周边有关县区实施100万亩水源林建设工程；天津市安排专项资金用于引滦水源保护工程。2018年2月，云贵川三省达成共识，明确以构建长江上游重要生态屏障为共同目标，在赤水河建立全国首个跨多省流域的横向生态保护补偿机制试点，为全国探索建立多省生态保护补偿机制积累了经验。目前，以新安江流域生态补偿机制试点为范本的流域上下游横向补偿机制试点工作已经陆续在跨省汀江—韩江流域、九洲江流域、东江流域、引滦入津、赤水河流域以及密云水库上游潮白河流域相继推开[79]。

（6）湿地方面：2010年，财政部会同林业局启动了湿地保护补助工作，开始了湿地领域生态保护补偿，并陆续启动了退耕还湿、湿地生态效益补偿试点和湿地保护奖励等工作[80]。同时，各地主要依托森林、草原和自然保护区建设开展湿地生态补偿工作，逐步将重要湿地纳入生态补偿范围。黑龙江省于2003年6月颁布了我国第一个地方性湿地保护法规《黑龙江省湿地保护条例》；天津市安排专项资金，对古海岸与湿地国家级自然保护区内集体或个人长期委托管理的土地进行经济补偿；山东省对实施退耕（渔）还湿区域内农民给予补偿，并对农民转产转业给予支持；黑龙江省、广东省、湖北省武汉市每年各安排1000万元，专项用于湿地生态效益补偿试点；江苏省苏州市将重点生态湿地村、水源地村纳入补偿范围，对因保护生态环境造成的经济损失给予补偿。

（7）耕地方面：2016年，国家在内蒙古、辽宁、吉林、黑龙江、河北、湖南、贵州、云南、甘肃9个省（自治区）启动大规模的轮作休耕试点。浙江省于2009年开始探索建立耕地保护补偿机制，并于2012年启动省级试点，2016年印发的《关于全面建立耕地保护补偿机制的通知》明确要求，全省各市、县政府要按照“谁保护、谁收益”的要求，对耕地保护进行经济补偿，在全省建立耕地保护补偿机制。

（8）荒漠方面：国家启动土地沙化封禁保护区的试点，对部分连片沙化土地实施封禁保护，实施范围包括内蒙古、西藏、陕西、甘肃、青海、宁夏、新疆7个省（自治区）的30个县，启动了荒漠领域生态保护补偿[81]。库布齐人民用30多年的努力，实现了从“黄色沙漠”到“绿洲银行”的蜕变，形成了库布齐沙漠治理精神，如今库布齐沙漠治理模式不仅在全国各大沙区成功落地，而且已经成功走入沙特阿拉伯王国、蒙古国等“一带一路”参与的国家和地区，走出了一条经济和生态融合发展绿色之路，已经成为落实习近平生态文明思想的生动实践。2019年7月27日，习近平总书记向第七届库布其国际沙漠论坛致贺信，指出：“库布齐沙漠治理为国际社会治理环境生态、落实2030年议程提供了中国经验。”

（9）海洋方面：中央财政自2010年开始利用海域使用金开展海洋保护区和生态脆弱区的整治修复；山东、福建、广东等省坚持环境治理海陆统筹，在围填海、跨海桥梁、航道、海底排污管道等工程建设中开展海洋生态补偿试点。天津市于1996年1月发布《天津市海域环境保护管理办法》，规定开发利用海洋资源应当遵照谁开发谁保护、谁破坏谁恢复、谁利用谁补偿和开发利用与保护增殖并重的方针；山东省征收海洋工程生态补偿费，专项用于海洋与渔业生态环境修复、保护、整治和管理；福建省、广东省要求项目开发主体在红树林种植、珊瑚礁异地迁植、中华白海豚保护等方面履行义务，对工程建设造成的生态损害进行补偿；广东省大亚湾开发区安排资金扶持失海社区发展，对失海渔民给予创业扶持和生活补贴；山东省日照市、浙江省台州市则建立了由用海企业出资的海洋生态保护补偿机制。

（10）其他方面：2007年以来，我国积极开展排污权有偿使用和交易试点工作，目前全国有28个省（自治区、直辖市）开展了排污权交易试点工作，通过市场手段减少污染物排放。此外，山东省还制定了《山东省环境空气质量生态补偿暂行办法》，旨在通过实施生态保护补偿，充分发挥公共财政资金的引导作用，进一步调动各市大气污染治理的积极性和主观能动性。

2011年10月，国家发展改革委印发《关于开展碳排放权交易试点工作的通知》，明确在北京、天津、上海、重庆、广东、湖北、深圳7个省（直辖市）启动碳排放权交易地方试点；2013年起，我国碳排放权交易试点工作正式展开，先后在北京、上海、天津、重庆、湖北、广东、深圳、福建8个省（直辖市）开展碳排放权交易试点，覆盖了电力、钢铁、水泥等重点排放行业企业；2021年7月16日，全国碳排放权交易市场正式开启上线交易，全国碳市场建设采用“双城”模式，即上海负责交易系统建设，湖北武汉负责登记结算系统建设。

作为湖北省自然资源资产负债表编制和领导干部自然资产离任审计试点市，2016年以来，鄂州市开展一系列先行探索，在全国率先初步建立生态产品价值实现机制，围绕科学评估核算生态产品价值、培育生态产品交易市场、创新生态产品资本化运作模式、建立制度保障体系等方面进行探索实践，初步探索出一条政府主导、企业和社会各界参与、市场化运作，实现生态发展、绿色发展的有效路径，生态价值实现成功破题。为全国贡献了鄂州实践样本，真正实现了“绿水青山就是金山银山”。

2.2.3 我国生态补偿实践模式总结

作为公共产品或公共服务，生态环境具有显著的跨区域性，既有全国属性，又具有鲜明的地域属性。我国地域辽阔，境内既有青藏高原、东北森林、三江源等对维护国家生态安全具有重要意义的生态功能区域，又有黄河、长江、珠江、海河等串联市域、县域乃至省域的区际利益的流域生态系统。全国性及地区性的生态系统服务并存，生态系统服务提供者与受益者往往分属于不同行政区划和财政级次，为满足我国生态产品供给和需求关系多样的现实条件，我国逐渐形成了政府主导、企业和社会参与的生态补偿模式，市场化运作、可持续生态补偿模式正在形成[82]。

2.2.3.1　以上级政府对下级政府财政转移支付为主要特征的纵向生态补偿模式

我国纵向生态补偿主要通过专项转移支付和一般性转移支付对重要生态系统和生态功能重要区域实施生态补偿。一方面，在我国生态补偿实践探索的早期阶段，生态补偿机制一般是中央政府对全国、各级政府对辖区内生态保护行动的专项转移支付，与生态建设工程紧密关联。2001—2003年，国家陆续开始对森林生态效益、矿产资源、退耕还草、退耕还林开展资金和实物补偿；其后，数次优化政策，陆续设立森林生态效益补偿基金、林业改革发展资金、林业生态保护恢复基金，对生态公益林的营造、抚育及保护进行补偿，并将补偿范围扩大到湿地保护；之后，荒漠、海洋、水流、耕地等重点领域生态补偿也相继建立起来。另一方面，2008年起，我国开始开展国家重点生态功能区转移支付，对主体功能区划中禁止开发区与部分限制开发区进行补偿，补偿范围从2008年的221个县（市、区）域扩展到目前的818个县（市、区），补偿资金从60.51亿元提高到2020年的794.5亿元[83]，用于保护生态环境和改善民生，加大生态扶贫投入，其本质是弥补生态产品供给地区丧失的部分发展成本，缓和经济发展与环境保护的矛盾[84]。纵向生态补偿有力保障了重要生态系统和国家生态功能重要区域生态产品产出能力持续增强，对维护国家生态安全和改善生态环境质量发挥了重要作用。

2.2.3.2　以流域上下游横向生态保护补偿机制为主要形式的横向生态补偿模式

为促使受益者向生态产品的提供者支付合理费用，实现生态服务外部性的内部化，促进区域协调发展，我国不断探索推动生态关系密切但不具有行政隶属关系的地区间建立起横向生态补偿机制，江河等水体串联的地区行政区域多、利益关系相对明晰、良好水资源需求强烈，因此流域上下游地区政府间关于水质、水资源的转移支付成为横向生态补偿的主要表现形式。2012年，新安江流域水环境补偿试点作为全国首个跨省区域水环境补偿试点正式启动，为地区间横向生态补偿机制建设进行突破性探索；到2020年年底，福建、广西、四川等15个省参与开展了10个跨省流域生态补偿试点；浙江、江西、四川、吉林、陕西等21个省（自治区、直辖市）建立了行政区内全流域生态补偿机制，陕西、贵州、内蒙古、黑龙江等4个省（自治区）主要针对辖区内的渭河、清水江、红枫湖、赤水河、乌江、穆棱河和呼兰河等重点流域开展了流域生态补偿；广西、甘肃、上海、青海等省（自治区、直辖市）的部分州市自主开展了流域生态补偿[72]。同时，国家对黄河、长江建立全流域的横向生态补偿机制也做出了明确的顶层设计。因此，流域上下游横向生态补偿模式有效推动和促进了区域间协调发展，现已成为调整流域生态环境保护的环境及经济利益关系的重要政策手段。

2.2.3.3 调动企业与社会主体参与积极性质的市场化生态补偿模式

生态补偿制度的良性发展需要全社会的投入和支持，单纯依靠财政资金无法完全覆盖生态产品供给成本，而市场化生态补偿模式旨在充分调动政府、企业、公众各方面的积极性，将被保护的、潜在的自然资源资产和生态产品以自愿交易的形式转化成现实的经济价值。2014年7月，我国在宁夏、江西、湖北、内蒙古、河南、甘肃、广东等7个省（自治区）启动水权试点，截至2020年，已有15个省（自治区）在省级或市级层面推动水权交易建设[85]。2017年，新安江绿色发展基金成立，并向生态治理和环境保护、绿色产业发展和文化旅游三大领域投资；2020年，国家绿色发展基金正式启动运营，重点投向环境保护和污染防治、生态修复和国土空间绿化、能源资源节约利用、绿色交通、清洁能源等绿色发展领域。福建省南平市从2018年起开展“森林生态银行”试点，引入社会资本投入森林保护和林业经济连片运营。

2.2.3.4 探索增强生态产品供给者自我发展能力的生态综合补偿模式

生态综合补偿模式是我国生态补偿制度提质增效的最新探索，通过创新森林生态效益补偿制度、推进建立流域上下游生态补偿制度、发展生态优势特色产业、推动生态保护补偿工作制度化等任务，推动我国生态补偿实现保护与发展更加协同的补偿目标，吸纳更加多元的补偿主体，建立更加高效的补偿路径。例如，新安江流域上下游的杭黄绿色产业园合作、杭黄省际旅游合作示范区建设，天津与承德的承德应用技术职业学院、劳动力资源供需服务平台共建等做法在产业、教育等“造血功能”上的新型补偿方式取得了一定的成效。2020年，西藏、甘肃、福建、安徽等10个省（自治区、直辖市）的50个县（市、区）开始启动生态综合补偿试点工作，以系统推进生态环境保护工作为目标，在统筹协调各类现有生态补偿资金、降低生态补偿政策实施成本、提升资金使用效率方面进行了有益探索。

\ 第三章 \

饮用水源区生态补偿机制研究

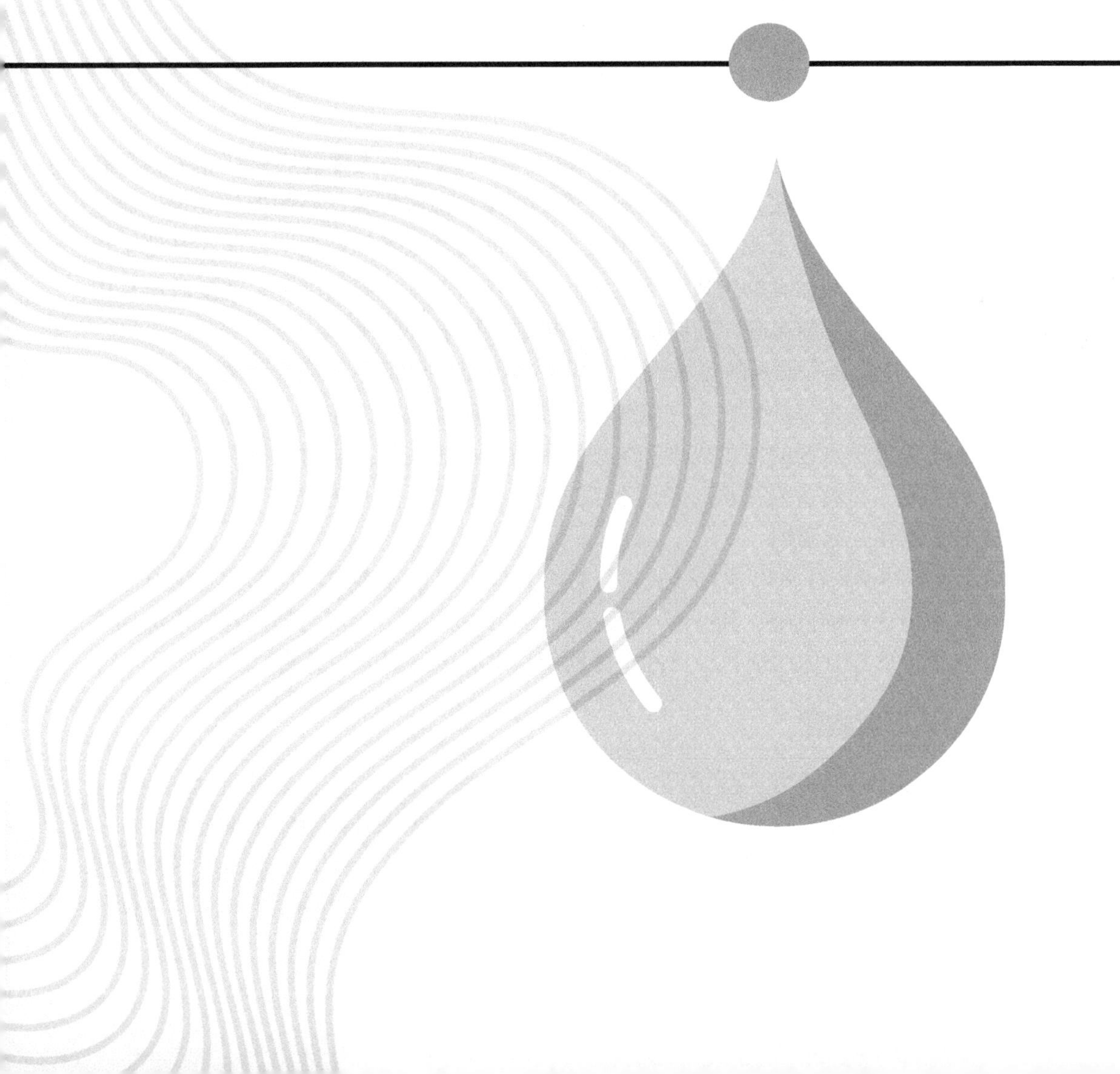

3.1 饮用水源区生态补偿机制总体框架

3.1.1 饮用水源区生态补偿特点

根据《饮用水水源保护区划分技术规范》等相关文件，饮用水水源保护区是指为防止饮用水水源地污染、保证水源水质而划定，并要求加以特殊保护的一定范围的水域和陆域。饮用水水源保护区分为一级保护区和二级保护区，必要时可在保护区外划分准保护区。

为缓解人口快速增长带来的水资源需求和水资源不均衡导致的区域缺水矛盾，近年来我国主要缺水地区（特别是各大型城市）开展了系列的调水工程，如南水北调工程（东线、中线、西线）、引黄入晋、引黄入京、引滦入津、引滦入唐、引黄济青（青岛）、东深供水工程（广东）、引大入秦（甘肃）、引江济淮工程（安徽）、滇中引水工程（云南）等。与常规的饮用水水源保护区相比，跨流域调水是一项复杂且参与主体较多的工程，往往涉及多个流域和诸多的行政区域。

综合来看，与一般环境要素的生态补偿不同，饮用水源区生态补偿具有自身的特点：

（1）生态补偿总体上是以政府主导开展的。饮水安全与人体健康密切相关，具有准公益性，《水污染防治法》等法律法规赋予了饮用水源区更为严格的保护要求，通过各种途径保障饮用水供水水源的水质和水量是政府的公共服务职能之一。生态补偿工作的复杂性使得其相关利益者的构成十分复杂，在市场机制不成熟情况下，需要政府从中协调才能实现各方利益的均衡，确保生态补偿机制的科学与合理[86]。

（2）生态补偿具有很强的流域性、单向补偿特点。尽管存在跨流域调水的情况，但总体上饮用水源区生态补偿发生在流域内下游供水受益区对上游供水水源地的补偿，补偿流域上游为保护水源的付出成本和丧失发展机会的损失等。同时，按照“谁受益、谁补偿”的原则，目前多为受水区向供水区进行生态补偿，这与流域上下游、区域性等常规生态补偿存在一定区别。

（3）生态补偿更注重以项目形式进行资金补偿。目前，多以项目形式实施有利于饮用水源区水质保护的措施，如开展“两污”治理设施建设、面源污染治理、水源涵养林建设、水体清理等具体的项目，目的是使饮用水水源地得到更好的保护。

3.1.2 总体框架构建

根据饮用水源区特点和实际情况，生态补偿机制总体框架应该包括设定生态补偿目标（补偿原因）、界定生态补偿范围（补偿什么）、确立生态补偿对象（谁补偿谁）、选择生态补偿模式（如何补偿）、确定生态补偿标准（补偿多少）、明确生态补偿责任（补偿系数）、健全运行保障制度（补偿效果）等7个环节。其中前6个环节是主体部分，最后一个环节是客体部分，这7个环节相辅相成，共同构成了饮用水源区生态补偿机制。其总体框架示意图如下图所示。

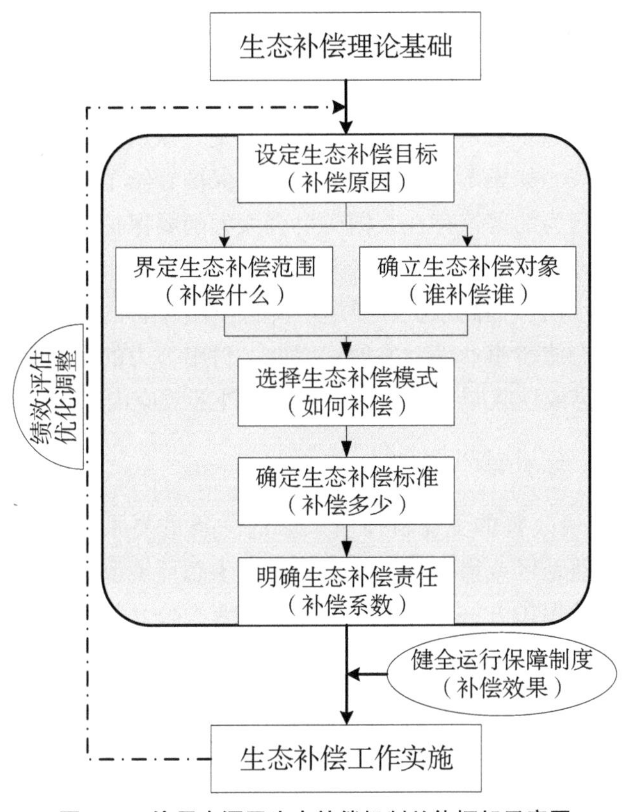

图 3–1　饮用水源区生态补偿机制总体框架示意图

3.1.3　基本原则

根据生态补偿的定义，结合我国现行法律法规和相关制度，并参考和总结国内外的相关文献，在建立生态补偿机制时主要应遵循以下基本原则：

3.1.3.1　公平性原则

一般情况下，生态补偿的公平性原则包括代内公平原则、代际公平原则与自然公平原则。其中代内公平原则是要协调好国家、生态区域内的地方政府、企业和个人之间的生态利益；代际公平原则是要兼顾当代人与后代人的生态利益，通过生态补偿制度维持生态系统内各种物质和能量存量的稳定性，防止生态环境与自然资源发生代际退化，保证生态区域内的每一代人都能继承至少与他们之前的任何一代人一样良好的生态环境；自然公平原则体现在对各种生态类型补偿后的生态恢复上。与其他区域相比，为了保护生态系统免遭破坏，饮用水源区内的产业发展受到严重约束，农户的生计问题遭到严峻挑战，存在巨大的机会成本，经济发展较为迟缓；而水资源的受益方却没有或承担与受益不匹配的生态环境保护责任，产生严重的环境外部性，不利于区域实现全面协调发展。因此，生态补偿机制应当协调经济发展与生态保护之间的矛盾，成为弥补饮用水源区所损失机会成本的手段，实现生态服务受益方与生态服务提供方之间利益的协调，最终达到人与自然和谐发展的目的。

3.1.3.2 “谁保护、谁收益”原则

这是针对生态环境保护者所采取的一条重要原则。众所周知，生态保护行为是一种具有较高正的外部效应，如果不对生态保护区以及保护者给予一定的补偿，那么就会导致社会上“搭便车”行为的普遍存在，同时也会大大削弱保护人的积极性，从而不利于生态环境的保护和建设。对于饮用水源区而言，保护好饮用水源和区域内的生态环境，不仅能改善饮用水源水质、提高水资源供应、降低洪涝灾害的发生，还可以增强区域内的景观价值，促进生态旅游事业蓬勃发展。因此，付出努力的生态环境保护者应当得到一定的补偿、政策优惠或税收减免等激励，将正的外部效应内部化。

3.1.3.3 “谁受益、谁补偿”原则

这是针对生态环境改善的受益群体所采取的一条重要原则[87]。以跨流域调水为例，水资源输入的受益地区或得利部门在享受流域生态环境改善所带来的好处的同时，如若不给予付出努力地保护方一定的补偿，显然是有失公允的。因此，生态环境质量改善的受益者应为生态环境质量的改善支付相应的费用，以此鼓励人们保护环境、改善环境。当受益者比较明确时，理应对享受的生态利益支付一定的“生产成本”或“购买单价”；当受益主体不是很明朗时，政府作为公共产品的供给者应通过财政补贴或转移支付“购买”这部分额外收益。

3.1.3.4 灵活性原则

生态补偿涉及多方面的行为主体，关系错综复杂，没有公认的补偿标准和方法，补偿方式也多种多样，各生态区域的特征亦不尽相同。因此，在补偿手段或方式的选择上不应采取“一刀切”，而应该根据自身特点和实际情况，因地制宜的实施补偿。由于目前生态市场发展的不成熟，生态环境保护多属公共事业，而市场在资源配置下还存在缺陷，所以需要政府的主导推动作用，灵活运用宏观调控和市场的微观调节能力，采取“政府补偿与市场补偿相结合”原则，更加有效地实施生态补偿。

3.1.3.5 广泛参与原则

这是针对生态补偿过程中所有利益相关者和广大群众所应当采取的一条重要原则。生态补偿是一项系统、全面的政策机制，在实施过程中涉及众多的利益主体，只有保证所涉及利益的所有群体参与到生态补偿机制的运作过程中，才能使得生态补偿机制高效、公平的运转。一方面，政府作为宏观调控的实施者，需要建立健全生态红线区生态补偿的相关法律法规，明确规范生态补偿的主体、客体、标准、方式，充分发挥统筹协调能力，保证生态补偿政策的顺利实施，在生态补偿机制运行的过程中发挥着不可替代

的主导性作用。另一方面，也要重视市场的资源配置中的决定性作用，促进资源在各区域之间自由流动，实现生态资源的最优分配。此外，生态补偿运作过程需要公众的广泛参与，要保证公众的知情权和决策参与权，使其有正常的渠道向决策部门表达自身的意见，同时也有助于提高他们对环境保护的意识和积极性。

3.2　设定生态补偿目标（补偿原因）

饮用水源区生态补偿机制的实现过程，就是根据饮用水源区生态环境保护的总体目标要求，以生态学、经济学、法学等相关领域的基础理论为依据，按照“受益者付费、保护者受益”等基本原则。对饮用水源区保护、恢复、综合治理等一系列活动进行补偿，对因保护生态环境而丧失发展机会的区域内的居民进行资金、技术、实物上的补偿和政策上的优惠，以及为增进环境保护意识、提高环境保护水平而进行的科研、教育费用的支出，促进环境外部成本内部化，使资源和环境被适度、持续地开发、利用和建设，最终实现区域生态资源与人类社会的协调可持续发展。

3.3　界定生态补偿范围（补偿什么）

生态补偿的范围是指在一定社会经济条件和社会公平观念下，对因生态环境和自然资源的使用、保护、修复、节制使用、有效利用或相关的研究、教育、宣传等所发生的，依照法律规定或合同约定应该给予补偿或鼓励奖励的行为或活动的总称[88]。生态补偿的范围比较广泛，主要包括以下四个方面：一是对受破坏生态系统本身进行保护（恢复）的成本进行补偿，如对生态环境的保护、建设、修复等行为的实际费用支出进行补偿，又如对乱砍滥伐后林地植被的恢复费用进行补偿。二是通过经济手段将生态环境经济效益的外部性内部化，即利用经济手段对破坏生态环境的行为予以控制，将经济活动的外部成本内部化。三是对个人或区域保护生态系统和环境的投入或因保护而放弃发展机会的损失的经济补偿，如关闭对环境污染严重的企业造成的经济损失，以及为护生态环境而放弃具有发展优势的产业。四是对具有重大生态价值的区域或对象进行保护性投入，如国家对各自然保护区、生态功能区的保护性投入。

就饮用水源区而言，以往的生态补偿主要是针对优质的水资源，而未考虑生态系统服务功能，因此补偿范围一般是指承担供水任务的各供水水源所在的饮用水水源保护区范围，必要时应包括输水工程途径区域。随着生态产品价值实现工作的逐步开展，生态补偿内容应包括水资源供应、调蓄洪水、气体调节、土壤保持、环境净化和生物多样性维持等不同的功能与价值，科学设定生态补偿范围与内容。

3.4　确立生态补偿对象（谁补偿谁）

3.4.1　生态补偿主体

生态补偿的主体是指依照生态补偿法律规定有补偿权利能力和行为能力，负有生态环境和自然资源保护职责或义务，且依照法律规定或合同约定应当向他人提供生态补偿费用、技术、物资甚至劳动服务的政府机构、社会组织和个人等。可以概括为以下几类[64，88~90]：

3.4.1.1　政府

政府作为实施生态补偿的经常主体，这主要是由两个方面决定的：一是国家的职能，国家代表所有人的利益，担负着治理和社会公共管理等职责，国家通过制定法律，对生态环境和自然资源进行管理和配置，而政府作为国家的执行机关，有职权依照法律的规定实施相应的补偿行为。二是基于生态环境和自然资源的特有属性，由于生态环境和部分资源的产权鉴定成本太高，如水资源等，其一般作为公共物品或公共资源而存在，只适宜由政府进行养护和供建设服务；少部分自然资源产权鉴定相对较容易，如森林资源和土地资源，但受外部性影响，即使这样的产权也无法鉴定得十分清晰。同时，自然资源兼具经济价值和生态价值，经济价值与生态价值在当前的使用中常呈负相关，至于何种价值应优先考虑，以实现社会效应的最大化，是件十分棘手的事，有赖于政府的统筹规划和安排。

3.4.1.2　社会组织

社会组织作为一类补偿主体，主要有两种类别：一是企业组织，包括法人型和非法人型组织，企业组织作为生态补偿的主体，是因为企业从事生产经营活动几乎都要涉及自然资源的利用和实施有害于生态环境的行为，他们是导致生态环境问题的主要“肇事者”；本着“谁破坏、谁恢复”“谁污染、谁治理”“谁受益、谁付费”等原则，他们也应当是主要责任的承担者，由企业向自然资源的所有者或生态环境服务的提供者支付相应的费用，避免企业把本应自己承担的污染成本转嫁给社会或者利用生态环境的外部经济性“搭便车”降低生产成本，从而实现企业外部性的内部化。补偿费用为企业收入的一部分，最终纳入企业的生产成本核算，也是国家生态补偿基金的主要来源，是生态补偿的最重要直接主体。二是其他社会组织，主要指非营利性组织，是一些社会成员出于自身的政治目的、宗教信仰、个人伦理道德修养或对于公益事业的关心和热爱而自发组织起来的社会团体。如果他们的活动有可能会对生态环境产生负面影响，也应当承担相应的补偿责任，但一般不是生态补偿的经常主体。

3.4.1.3 公民

公民作为生态补偿主体，主要是由于公民是生态环境的占用者和自然资源的享用者，表现在其个人生活、家庭生活和从事个体经营活动中产生的外部不经济性行为，如个体或家庭生活产生的生活垃圾、开饭馆的个体工商户排出的大量废气等，他们也应当缴纳相应的垃圾处理费和排污费。鉴于生态环境和自然资源的有限性，为维持生态系统的平衡，实现人类社会的可持续发展，全体公民也应该成为生态补偿的主体。

确定谁补偿谁的首要任务是要明确产权的主体，在产权没有明确界定的情况下，生态服务供需双方责权利边界不甚清楚，无法确定谁的行为妨碍了谁，谁应该受到限制，也就不能做出谁补偿谁的判定。从水资源所有权来看，我国“水法”第三条明确规定“水资源属于国家”，因此兼顾我国新“水法”和“谁受益、谁补偿，谁污染、谁赔偿”的原则，以及水环境具有公共产品性质，生态补偿的主体应包括国家、社会和流域自身三者，但以国家补偿为主。其中，国家补偿是指中央政府对流域上游区域生态建设给予的财政拨款和补贴；社会补偿主要是指生态环境建设的受益方或生态环境破坏者对受害方或生态环境建设者的补偿，此外还包括各种形式的社会捐助、自然资源的开发利用者对生态恢复的补偿、资源输入地区对资源输出地区的补偿等；自我补偿则是流域上游区域地方政府对直接从事生态建设的个人和组织进行的补偿[91，92]。

3.4.2 生态补偿客体

生态补偿的客体是指因向社会提供生态服务、提供生态产品、从事生态环境建设、使用绿色环保技术，或因生活地、工作地或财产位于特定生态功能区或经济开发区域而使正常的生活、工作条件或者财产利用、经济发展受到不利影响，依照法律规定或合同约定应当得到物质、技术、资金补偿或税收优惠等的社会组织、地区和个人等。可以概括为以下几类[88，92]：

3.4.2.1 生态环境建设者

依法从事生态环境建设的单位和个人应当得到相应的经济或实物补偿。例如，我国1978年开始的“三北”防护林体系工程建设，工程建设范围包括我国东北、华北、西北地区的13个省（自治区、直辖市）的551个县（旗、区、市），总面积406.9万km^2，占我国陆地总面积的42.4%，被誉为“世界生态工程之最”，该工程牵涉地区和人员众多，不论是工程前期建设还是后期管护，不论是单位还是个体，至少应对他们的付出给予等价补偿。

3.4.2.2 地方政府和居民

在饮用水源区范围内，经济建设要让位于生态环境保护，生态环境保护的标准往往高于其他区域或有特殊要求，特别是工业企业设立的生态环境准入门槛高，自然资源的开发受到限制甚至禁止开发。例如，三江源自然保护区，为保护“三江”河水免受污染、避免源头水土流失的发生和使野生动物得到保护，这里几乎停止了一切开发和利用，这样一来，显然不利于区域内经济的发展，地方政府财政收入大大减少，严重影响了地方教育、医疗、交通和其他公益事业的发展，居民就业择业也因此而受影响，生活水平无疑会降低。对此，有关政府应该给该区域范围内的地方政府和居民相应的资金、优惠政策、技术等补偿，对他们因此而丧失的发展机会给予弥补。

3.4.2.3 合同的一方当事人

生态补偿不全由政府补偿，应当鼓励借助市场手段如排污权交易，或者在不损害社会公共利益和第三人利益的前提下，就生态环境和自然资源的保护和利用直接由双方约定补偿，如浙江义乌—东阳水权交易，东阳根据合同的规定向义乌提供特定水资源的使用权，是被补偿的对象。

3.4.2.4 国家

总体来看，国家既是补偿的主体，也是应得到补偿的客体。国家是全体国民的代表，生态环境和大量自然资源都属全民所有，凡是使用生态环境和自然资源的社会组织和个人都应该向全民的代表——国家支付相应补偿费，也只有这样国家才有资金进行生态环境建设和保护，向社会提供足额生态产品和服务。

3.4.2.5 其他

此外，为提高生态环境和自然资源保护及利用水平而进行相关研究、教育培训的单位和个人，以及积极主动采用环保、节能等新技术的企业应纳入补偿客体，如给予一定的税收减免等补偿。

就饮用水源区而言，生态补偿的客体是指为确保水资源可持续利用作出贡献或牺牲的所有生态建设和保护者，一般包括饮用水源区的政府、居民等。他们在相关政策的指引下，为保障受水区水资源的持续利用，实行退耕还林、封山育林、水污染治理等措施，保持水源地水土、防止水资源质量下降和生态环境恶化，为水源地的持续健康发展投入了相当大的人力、物力、财力，是生态建设和保护最直接的执行者。同时，在国家严格法律的约束之下，水源保护区内工农业发展的权利已部分或完全丧失，经济落后现象较为普遍。因此，受水区和国家理应负起补偿责任，对为保护调水资源的持续利用作出贡献的调水地区给予一定的补偿。

3.5 选择生态补偿模式（如何补偿）

生态补偿模式的选择会影响水源地生态补偿主客体之间的利益分配，从而影响实施效果。目前，我国最主要的饮用水源区生态补偿方式有资金补偿、实物补偿、政策补偿、项目补偿、技术补偿、智力补偿、经济合作等。从补偿途径来说，可以分为基于政策和公共财政的补偿途径和基于市场交易的补偿途径[93]；从补偿效果来看，可分为“输血型”补偿和“造血型”补偿。对于饮用水源保护区此类生态环境保护压力大、任务重、政策限制较多、社会经济发展基础较差的地区，资金补偿尽管有其弊端，但对于基层人民，资金补偿是最直接的补偿方式，将直接影响到人民群众保护生态环境的积极性和基层工作人员开展生态保护工作的难易。因此，在选择补偿方式时应结合区域经济发展需要和水源地居民意愿，合理调整补偿方式，逐渐注重长期效应，以此提升区域“造血”能力。

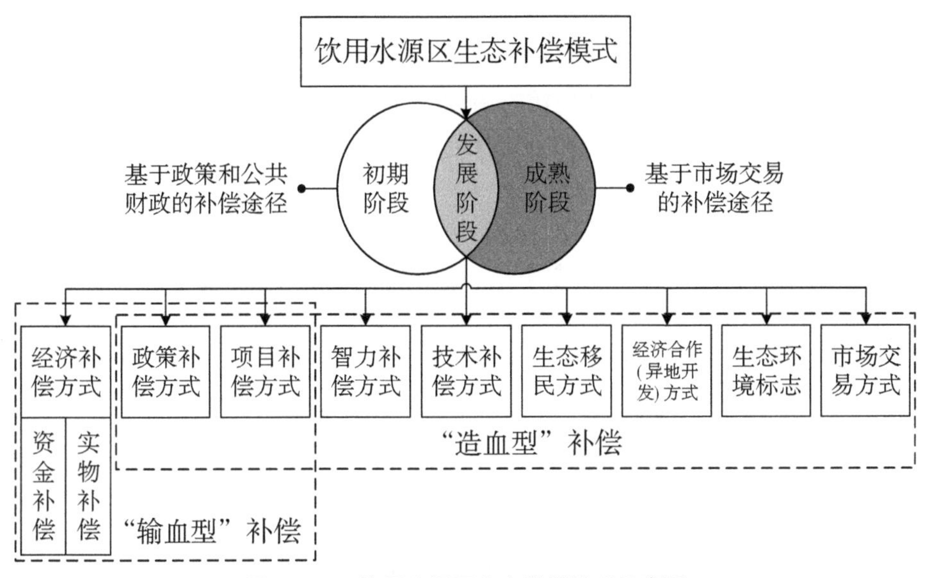

图 3.5-1　饮用水源区生态补偿模式示意图

3.5.1　生态补偿途径及选择

3.5.1.1　生态补偿途径

目前，我国饮用水源区生态系补偿途径可以概括为两大类，一类就是基于政策和公共财政的补偿途径，另一类是基于市场交易的补偿途径。

1. 基于政策和公共财政的补偿途径

基于政策和公共财政的补偿途径是以国家或上级政府为实施和补偿主体，以区域、下级政府或居民为补偿对象，以国家生态安全、社会稳定、区域协调发展等为目标，以财政补贴、政策倾斜、项目实施、税费改革和人才技术投入等为手段的补偿方式。该途径是我国目前开展生态补偿最重要的形式，其特点主要体现在制定法律规范和制度、宏观调控、提供政策和资金支持上，以解决市场难以自发解决的资源环境保护问题。具体有财政转移支付（纵向、横向）、差异性的区域政策、环境税费制度和生态补偿基金等形式[92]。资金可以来自公共财政资源，也可以来自针对性的税收或政府掌控的其他金融资源，如一些基金、国债等。饮用水源区公共财政补偿就是政府为饮用水源区生态效益提供者补偿一定的资金，理论上补偿额应大于或等于生态效益的提供者保护饮用水源区生态环境的机会成本，以对其产生经济激励，增加其进行饮用水源区生态建设的积极性。

2. 基于市场交易的补偿途径

以政策和公共财政的补偿途径为主的补偿途径在实际操作中存在不少问题，人们在试图解决这些问题的同时，也在积极探索新的生态环境服务付费的模式，其中对基于市场交易的补偿途径的探索最为活跃。基于市场交易的补偿途径就是建立饮用水源区生态服务市场，由市场来决定受益者对生态效益者提供补偿，当然由于生态效益是一种纯粹的公共产品，具有外部性，饮用水源区生态服务市场必须在一定政策、法规的干预下建立。市场补偿机制主要以交易为手段，交易的对象可以是生态环境要素的权属，也可以是生态环境服务功能，或者是环境污染治理的绩效或配额。通过市场交易或支付，兑现生态环境服务功能的价值。典型的市场补偿机制包括公共支付、一对一交易、市场贸易、生态环境标记等[92]。

总体来看，无论从支付的规模上，还是应用的普遍程度上，公共财政支付补偿都是生态效益补偿的主要途径，可以通过国家和地区两个层面加以实施。但是由于我国经济发展水平的限制，国家经济补偿能力有限，要建立高效、可持续的补偿机制还必须依靠于市场机制，可以通过水源地和受水区两地进行水资源的交易或其他形式的经济合作加以实施。

3.5.1.2 不同阶段补偿途径选择

确定生态补偿时限对饮用水源区生态环境保护尤为重要，若补偿时间过短，饮用水源区内居民无法得到稳定的生活保障，当补偿结束时，饮用水源区生态环境保护力度势必减弱，甚至出现破坏生态环境的行为；若补偿时间过长，则会增加补偿主体的经济负担，以及由此带来的“道德风险”和“逆向选择”问题[94]。因此，综合考虑饮用水源区水质稳定达标情况、社会经济发展程度、产业结构调整进度和行为方式等情况，按照“分期、分类”原则，建立适合区域发展的多元化、差异化的补偿模式。其中初期阶段应以政府补偿模式为主，发展阶段采用“政府+市场”的组合模式，成熟阶段以市场补偿模式为主，并探索开展综合性生态补偿方式。

1. 初期阶段

以水资源费、排污费等财政收入转移支付为基础，着重选择资金补偿、政策补偿和实物补偿等方式进行生态补偿，多为政府主导模式下的财政转移支付制度体系，属于“输血型”补偿。

2. 发展阶段

从“输血型”补偿向“造血型”补偿转变，将水资源费、排污费等财政收入转移支付与财政专项补助、税费优惠、以投代补等方式进行有机融合，侧重于产业补偿和智力补偿，使饮用水源区从根本上摆脱发展机会受限的难题。

3. 成熟阶段

以市场补偿模式为主，灵活运用政府的宏观调控能力，逐步建立符合区域实际情况、切实可行的生态补偿方案，能够实现饮用水源区生态环境保护与社会经济的协调、可持续发展。

3.5.2 主要生态补偿方式

3.5.2.1 经济补偿方式

经济补偿方式是当前最普遍、最直接、最核心的补偿方式，所起的效果非常明显，所起的作用也最大，能够直接帮助生态保护地区的经济发展和基础建设，是其他补偿方式衍生的依据，也是不能完全被其他补偿方式代替的[92]。经济补偿可以通过资金补偿和实物补偿两种形式实现，其中资金补偿是补偿地区向受偿地区直接或间接给予资金补偿的方式，主要是为了解决经济发展相对滞后的受偿地区的生存和生活问题，资金补偿是最常见，也最迫切急需的一种补偿方式，常见形式有补偿金、赠款、减免税收、退税、信用担保的贷款、补贴、财政转移支付、贴息和加速折旧等[95]；实物补偿是补偿地区运用物质、劳力和土地等对受偿地区进行补偿，解决其部分的生产要素和生活要素，改善受偿地区人民的生活状况，增强其生产能力，实物补偿有利于提高物质的使用效率。

但是，我们也不能就此片面地认为“生态补偿就是向受益地区要钱”，另外受水地区对于纯粹的经济补偿也会产生意见，从而会妨碍这种补偿方式的可持续性。此外，仅靠该种补偿方式是完全不够的，比如在藏族地区的寺庙搬迁和文物保护上，因为藏族地区同胞笃信宗教，把一些山、水当作“神山、圣水”崇拜，当工程线路需要改变一些山、水的面貌，或者需要搬迁一些庙宇的时候，这时候就不仅仅是经济补偿所能够解决的了。因此，对于如何实施经济补偿，补偿的力度有多大，应该科学地运用生态系统服务功能价值评估等方法，并与饮用水源区的经济现状相结合来考虑，必要时还可以通过调水区与受水区地区的代表进行协商来解决，当达成协定的时候最后以合约的形式来处理此种关系，以确保其法律效益[96]。

3.5.2.2 政策补偿方式

政策补偿方式是在为了保护生态环境相关政策限制其发展的情况下，在其他方面做出适当地放宽，受补偿者在授权的权限内，利用制定政策的优先权和优惠待遇，制定一系列创新性的政策，促进发展并筹集资金，因此给政策就是一种补偿[92, 97]。比如处在饮用水源区的居民不能砍伐树木，也不能开垦种田，在这种情况下区域政府就要给予一定的政策放宽，允许其从事其他行业来维持生计，并给予一定的优惠政策。同样，饮用水源区内的河道不能有排污口，受水地区就应该给调水区以适当的其他政策上的补偿，如在一些区域间协作生产或其他协作方面给予适当的政策放宽和优惠等，将部分可行的政策补偿转化为切实可行的经济发展。

3.5.2.3 项目补偿方式

由于生态环境保护的原因，饮用水源区不得不拒绝一些效益好但有一定污染的企业项目，即使其污染程度很低也不能存在，这对于饮用水源区来说并不公平[92]。为了弥补为保护生态环境做出的一些牺牲，政府以及各个水源受益主体可以为饮用水源区提供项目支持，如通过有关联的优惠政策的制定，帮助饮用水源区引进一些生态产业、绿色无污染项目等，以调整饮用水源区的产业结构，保证地区经济发展的可持续性。

3.5.2.4 智力补偿方式

智力补偿方式即补偿者开展智力服务，提供无偿技术咨询和指导，培训受补偿地区或群体的技术人才和管理人才，输送各类专业人才，提高受补偿者的生产技能、技术含量和管理组织水平等，是协调保护和发展的关键[97]。饮用水源区由于经济社会发展受到限制，城镇以及服务行业的发展不如受水地区，所以对人才的吸引力度不够，造成人才的缺乏，为了平衡保护和发展之间的关系，必须要有专业的高级人才来研究指导发展方向和保护方法。因此，受水地区应该为饮用水源区定期派送一些技术人才，特别是垃圾处理、污染防治以及生态发展类的人才，为饮用水源区的后续发展提供科学意见和技术保证，以弥补饮用水源区发展受限的局面。

3.5.2.5 技术补偿方式

技术补偿方式应该和人才补偿相结合，为饮用水源区提供先进的垃圾处理技术、污染处理技术等环境保护类技术，以及一些新型的农业高新技术[92]。同时，劳动技能的培养也是技术补偿的一种方式，政府应开展多层次、多形式的劳动职业技能培训，使广大农民掌握一门实用职业技能，确保劳务输出有质量；派出更多的企业技术员、管理员以及政府部门的相关人员到其他地区的先进企业去学习技术和更有效的管理方法；结合地区建设，鼓励企业把农户安排到本地企业打工。

3.5.2.6 生态移民方式

只要有人居住就会因为生产生活而影响生态环境，可能会使自然生态环境无法达到自我平衡，特别是在饮用水水源一级保护区内。为消除居民生产生活对生态环境的影响，并解决饮用水源区内居民生活受限的问题，就需要将保护范围内的居民逐渐迁移出去。当然，生态移民不仅仅是迁移这么简单的问题，还要解决移民搬迁资金投入，以及由此带来的就业和污染集中等一系列问题[97]。

3.5.2.7 经济合作（异地开发）方式

饮用水源区和受水区往往在自然条件和经济结构方面有着显著的差异，这就为两地开展经济合作提供了基础，其目的是补偿饮用水源区牺牲的发展机会成本，包括建立“异地开发”区、清洁型产业发展项目投资、人力资源培训、创造就业机会等形式[93, 98]。但是，不是所有的地区都能开展异地开发，其前提是该地区的生态作用非常重要，而且没有足够的空间来发展产业，也不允许发展产业。因此，饮用水源区受地理区位的影响没有足够的发展用地状况下，可以和受水地区合作实行异地开发战略，而饮用水源区应凭借自身的优势，大力发展旅游业，同时促进生态农业的发展。异地开发方式作为一种新型的“输血型”生态补偿方式，有利于饮用水源区的生态保护和受水区的水资源节约，可以起到其他补偿方式无法达到的作用。

3.5.2.8　生态环境标志

生态环境标志是一项广泛发展的制度，可以作为生态补偿的一种创新政策工具加以应用。这里，广义的生态环境标志物品和服务既包括产品生态标志，如生态（有机）农产品，也包括旅游景区和文化或生物遗产地标志。因此，应鼓励水源保护区积极发展生态标志物品和服务，将当地的生态优势转化为产业优势，并由广大的消费者支付生态补偿的费用。

3.5.2.9　市场交易方式

排污许可证交易市场、资源配额交易市场以及责任保险市场等是科斯定理在实践中的主要应用，这种方法在国外应用得较为充分，我国实践案例相对较少[93]。例如，浙江省金华河流域东阳市和义乌市之间的水权交易，上游地区的东阳市水资源丰富，而下游的义乌市水资源却很短缺，为了从东阳向义乌调水，两地经过长期谈判达成了一个用水协议，义乌市同意以每年2亿元的价格购买东阳市每年5000万m^3水的永久使用权，同时每调1m^3水支付0.1元。未来，我国应努力创建市场环境，为交易体系的实现创造条件。

从现实来看，资金补偿是最迫切需要的补偿方式，也是目前最主要的补偿方式，饮用水源区作为经济欠发达地区，要使他们改变观念，保护森林生态环境，除了政策上优惠、宣传教育，最重要的就是要给予他们足够的资金补偿。只有地方财政收入得到保障，才会有长期进行生态建设的积极性，生态建设成果也才能得到保证。从长远来看，智力补偿，技术补偿和经济合作才是解决生态环境问题的根本性补偿方式，通过对受补偿区智力、教育的补偿，培养当地人民的生态意识，通过技术补偿改变其生产生活的方式，包括受补偿区产业结构的调整，发展新能源、新产业，提供非农就业机会等，减轻对生态环境的压力，才能使饮用水源区生态环境建设工程取得根本性成果。

总而言之，不同的生态补偿途径和方式有其不同的适用范围，所涉及的利益相关方越多，协调他们共同行动的成本就越高。在具体实施过程中，生态补偿方式是多元化的，补偿主体在实施补偿时选取的补偿方式并不是一成不变，而是多种多样、灵活多变的。既可以运用单一的补偿方式，也可以结合实际情况对多种补偿形式进行组合，更为重要的是要变“输血型”补偿为“造血型”补偿，变“赔偿型”补偿为“开发型”补偿；而灵活多变的补偿形式或组合形式能有效适应于多样化的补偿主体、对象和补偿环境，同时能极大地刺激补偿的供给和需求，使补偿的供给和需求在高水平、高效率的水平上保持动态平衡。

3.6 确定生态补偿标准（补偿多少）

3.6.1 生态补偿标准核算方法概述

饮用水源区生态补偿所涉及的利益主体较多，而且利益相关者对生态环境保护与补偿所持有的态度和采取措施的积极程度又各不相同。而生态补偿标准的确定是生态补偿的核心，也是研究的重点、难点，只有进行科学评估，合理地确定生态补偿标准，才有可能成功构建高效、持续、良性循环的补偿机制。

国外学者基于理论基础开展了生态补偿标准方法的相关研究，根据不同的理论依据生态补偿标准核算方法可分为生态系统服务功能价值核算方法、市场价值确定的方法以及半市场条件下确定的方法等。其中，生态系统服务功能价值核算方法包括市场价值法、机会成本法、基本成本法、人力资本法、生产成本法等[99]。但生态系统服务功能价值核算方法得出的结果往往非常大，存在难以实现、不易操作等局限；基于市场法确定生态补偿标准，即将生态系统服务功能当作一种商品，以该商品在市场中买卖协商的价格作为补偿标准，但该方法使用具有局限性，需以相对稳定的市场为前提，而且使用范围较小。因此，可利用市场的供给和需求两方面确定标准，即在半市场条件下确定标准，包括机会成本法、意愿调查法、微观经济学模型法等。

在此基础上，我国也对生态补偿标准做了大量研究工作，根据补偿依据的不同大致可分为四类：一是从生态系统服务功能的角度出发，充分反映了生态系统的重要性，但生态系统服务功能的价值是非常巨大的；二是从直接投入角度出发，主要是指保护生态系统所付出的成本；三是从机会成本角度出发，主要依据保护生态系统而产生的收益损失；四是从意愿调查角度出发，主要依据保护者的受偿意愿和受益者的支付意愿。

3.6.2 不同核算方法分析

3.6.2.1 生态系统服务功能价值法

（1）生态系统服务功能价值分类

生态系统服务功能是指人类通过生态系统的结构、过程和功能直接或者间接得到的生命支持产品和服务。生态系统服务功能价值法是将生态系统本身视为市场资源并具有价值属性为核心，对区域内各类物品（森林、水库等）所提供的生态服务价值进行评估，以量化生态服务功能的整体价值，据以判定最终的补偿标准。

Daily在前人研究生物多样性的基础上提出了生态系统服务这一概念，指出生态系统服务是指自然生态系统及其物种所提供的能够满足和维持人类生活需要的条件和过程[100]。1997年，Costanza等人在《自然》杂志上发表了《全球生态系统服务价值和自然资本》一文，使生态系统服务价值估算的原理及方法从科学意义上得以明确，并以此计算出全球生态系统服务价值[101]。随着时间的变化，生态系统服务的定义更加准确细致，生态系统服务功能价值可总结为以下4类[102]。

表 3.6-1 生态系统服务功能价值属性分类表

系统层面	使用性层面	利用方式层面	含义层面
生态系统服务功能价值	使用价值	直接使用价值	提供直接价值功能，如食物、医药、景观娱乐等
		间接使用价值	提供间接功能效益，如土壤肥力、净化环境等
	使用/非使用	选择价值	将来的使用或非使用价值（如生物多样性等）；为后代遗留的使用价值和非使用价值的价值（遗产价值）
	非使用价值	存在价值	继续存在的价值，如生物栖息地、濒危物种等

（2）生态系统服务功能价值评估方法

因为数据可得性及价值衡量难度大等因素的存在，对生态服务价值进行真实而精确的评估是众多学者一直追求的方向，生态系统服务价值的体现方式也是学者们研究的焦点。目前，常用的生态系统服务价值核算方法包括当量因子法、重置成本法、条件估值法、InVEST模型等[103]。

①基于单位面积价值当量因子法：Costanza等人综合了国际上已经出版的采用不同方法对世界各地生态价值进行评估的研究结果，将全球生态系统分为大陆架、海洋、草原、湿地、城市等15类生物群落，将生态服务划分为气体调节、气候调节、水源涵养等17种主要类型，逐项估计了各种生态系统的各项服务价值[101]。由于各地区生态系统和土地类型的空间异质性，Costanza等人对全球生态价值的估算结果在中国直接应用时会产生一定的误差。因此，我国学者谢高地等在Costanza等人研究结果的基础上，根据中国的生态系统特色，先后对我国约700名生态学专业人员进行问卷调查，提出了新的计算生态系统服务价值的方法——当量因子法，之后又对当量因子法的基础表进行了修订和补充，最终得出中国生态系统服务价值当量表[104，105]。

在此基础上，结合土地利用类型如水体、耕地/农田、森林、草地、荒漠及城镇居民建筑用地等类型的单位面积生态系统服务价值，对目标区域的生态系统服务功能价值进行核算[106，107]。计算公式如下所示：

$$V=\sum_{i=1}^{n} A_i \times P_i \qquad （式3.6–1）$$

式中：V——目标区域生态系统服务功能价值；

A_i——第i种土地利用类型的面积；

P_i——第i种土地利用类型生态服务的单位价值；

n——土地利用类型数量。

②重置成本法：根据相关研究[108]，流域生态系统能够供给生态服务，保证整个生态系统价值最优的地区往往是社会经济较落后的区域，存在经济发展和生态保护的内在矛盾。一方面供给生态服务需要付出经济代价；另一方面由于产业结构和产业布局的限

制失去很多发展机会，这使得生态服务供给的成本至少包含改善自然环境现状的投入成本和减少环境污染的治理成本等直接成本以及放弃的机会发展成本等内容。《中国国民经济核算体系（2016）》和环境经济核算体系（SEEA）均推荐使用重置成本法对生态系统进行核算。

③条件估值法（也称支付意愿法）：条件估值法适用问卷调查人们为了保护或强化生态系统或系统所提供的服务，愿意支付多少费用或者必须接受多少损失或退化赔偿[109]。该方法是模拟市场条件运用技术评估测算生态系统服务价值。条件估值法的核心是通过问卷设计直接咨询人们对于生态系统服务的支付意愿并将其转换成生态系统服务的价值。该方法测算结果的准确性依赖于问卷设计的科学性与被调查对象的主观态度，测算结果容易出现偏差。

④InVEST模型：InVEST模型于2007年研发成功，是以GIS为平台的生态系统服务综合评估模型[110]，该模型耦合了生态系统过程，通过调整不同情境下土地利用数据、社会经济参数、气候降水等物理环境参数测算出生态系统服务价值量，目前包含淡水、海洋和陆地生态系统三个模块。虽然国内外运用InVEST模型进行了不同生态系统服务的价值评估，但由于价值测算所需的参数过多，且该模型仍处于完善阶段，生态系统服务评价局限于个别功能，不能全方位进行估算，使得该方法尚未成为生态系统价值核算的主流方法[111]。

依据生态系统服务功能价值来计算生态补偿的标准堪称是迄今为止生态补偿标准中最为严谨的解释方法，也是当前发达国家研究得最为深入的一种方法，一般用于功能较为复杂的生态系统，如湿地系统、城市等。但就目前的情况来看，这种方法在核算时所采用的指标、价值的估算等方面还未形成较统一的标准，偏重以人享受的生态服务功能为估值依据，易忽视对生态环境的破坏和生态系统本身的效益。同时，运用此方法所测得的生态系统服务功能价值往往数额巨大，超过受益地区的实际承受范围，在某些特别情况下甚至会出现所测价值远远超过全社会的整体生产总值，使得无法达成生态补偿协议的概率很高。此外，如何获取饮用水源区生态补偿标准与流域生态系统服务功能价值之间的内在联系是此方法实践过程中的难点。

3.6.2.2 资源价值法

资源价值法是建立在水资源具有使用价值的基础之上的一种市场化核算方法，饮用水源区的补偿者及受偿者分别作为市场的买卖双方利用市场供求关系进行水资源交易。在实践过程中，通常依据当地水资源价格及水资源的质和量来确定生态补偿量，并利用水质的好坏判定生态补偿方向[112]。一个地区的工业用水、商业用水和生活用水都有确定的市场定价，人们非常容易就能按照市场价格来确定生态补偿的额度；如果无法直接得出市场价格，可以通过寻找替代产品与服务比较社会市场价格，间接得出的生态价值，即替代市场法。计算公式如下所示：

$$V = W_i \times P_i \times \alpha \qquad （式3.6–2）$$

式中：V——水资源费用；

W_i——第i个供水区域的水资源使用量；

P_i——第i个供水区域水资源费的市场价格；

α——水质调整系数，可以根据供水水质进行调整。

资源价值法依托市场供需理论进行计算，操作简便、可行且能够兼顾供水方、受水方的利益，一定程度上弥补了支付意愿法隐藏支付及受偿意愿的缺陷。然而，此方法也存在很多不足之处[113]：一是需要具备一个相对稳定且充分的水资源市场体系，遵循自由交易的市场原则，但事实上，这种市场难以自发形成并且缺乏稳定性，往往是需要政府或者公益机构等来协调建立，这会出现抑制市场作用发挥的情况；在生态补偿中如若缺乏中间机构，补偿者与受偿者形成协商的机制是存在一定困难的，更不用说形成供求关系的市场。二是市场是多元的，有竞争市场和垄断市场，不同市场的价格制订机制自然也有所区别，在生态补偿项目的实施过程中，市场法对不同市场的特质研究得不多，出现市场垄断时，定价机制将有所异化。因此，此方法常应用于水源地所辖范围较小且市场机制健全的生态补偿。

3.6.2.3　费用分析法

费用分析法是指依据为保护或恢复生态环境而投入的总成本，据此确定受水区对饮用水源区要弥补的生态补偿数额的方法[114]。计算公式如下所示：

$$V=\sum_i^n C_i \quad \text{（式3.6–3）}$$

式中：V——保护或恢复生态环境而投入的总成本；

C_i——饮用水源区生态保护过程中的各项直接和间接成本。

参照研究区内的生态保护建设和污染治理规划，通过数据资料收集整理，计算出研究区内生态保护建设和污染治理直接投入总成本。主要包括但不限于植树造林、封山育林、环保基础设施及水利设施建设、水土流失治理、工业点源污染治理、种植业面源污染治理、畜禽养殖业综合整治、河道清理、水质与水量监测、水土流失治理等费用。在此基础上，引入水量分摊系数、水质修正系数和效益修正系数等，对受水区需承担的生态补偿金额进行计算。

费用分析法能够较为直观地反映出水源地保护的投入成本，不仅核算过程简洁，而且操作相对方便。但费用分析法也存在一些不足：首先，该方法只考虑直接投入费用，并未对间接成本、发展成本等因素加以考量，因而所计算出的补偿数额往往偏小，这将在一定程度上挫伤饮用水源区积极保护水源地生态环境的意愿；其次，农业非点源排污治理费用的核算存在不小的技术难度，致使以费用分析法确定的生态补偿标准缺乏稳定性。

3.6.2.4　机会成本法

在经济学中将机会成本定义为“为得到某种东西而必须放弃的东西”，引入到生态补偿机制研究与应用中，机会成本就被解析为受偿者为了保护生态环境所放弃的经济收益、发展机会、生活待遇等[113]。例如，饮用水源区为了保护生态环境，限制工业发展，减少污染物排放，禁止发展畜禽养殖业，减少化肥、农药使用等，使其失去了相应的获得利益的机会，导致当地经济发展水平落后于受水区等其他区域，放弃某些发展可能导致的最大经济损失称为发展机会成本。计算公式如下所示：

$$V=(G_u-G_o)\times N \quad （式3.6–4）$$

式中：V——机会成本法补偿金额；

G_o——饮用水源区人均生产总值；

G_u——受水区人均生产总值；

N——饮用水源区总人数。

或者：

$$V=(R_u-R_o)\times N_c+(S_u-S_o)\times N_v \quad （式3.6–5）$$

式中：V——机会成本法补偿金额；

R_o——饮用水源区城镇居民人均纯收入；

R_u——受水区城镇居民人均纯收入；

N_c——饮用水源区城镇居民人口数；

S_o——饮用水源区农村人均纯收入；

S_u——受水区农村人均纯收入；

N_v——饮用水源区农村总人口数。

由于机会成本法操作简便、适用范围广、数据获取容易，尤其是在水资源的社会经济效益无法进行直接估计时，该方法可以间接估算出上游地区因保护水源地生态环境所导致的经济收入减少数额，是被理论界普遍认可的一种最大限度接近受偿者意愿的生态补偿方法；同时，机会成本法可较为准确地计量水源地上游地区保护环境所付出的成本，未涉及复杂的生态系统服务功能价值的评估，一定程度上减少了烦琐数据的计算过程，被普遍认为是当前饮用水源区生态补偿中较合理、常用的标准确定方法。

但是，该方法在实际操作中也存在如下弊端：一是在生态保护工作过程当中，生态保护者放弃了各种各样的机会，不仅仅是农牧渔林的收益，还包括了发展工业、旅游观光、开采矿产资源等收入。这类机会成本是非常高昂的，目前大多数机会成本法的核算方式所考虑的仅仅是机会成本的其中一部分，而且是最可以预见的一部分，生态补偿数额常常被低估。二是由于数据搜集的误差及价值判断标准的不同，导致人均生产总值、人口等部分数据在社会调查时容易出现偏差，数据的真实性也就存在差距，这会决定机会成本法究竟准确与否。三是时间效应的影响，贴现率可能会随着时间变化而发生变化，计算结果仅能够反映到短期决策中，用于长期产业发展和生态保护的决策管理会有失偏颇。四是饮用水源区在保护流域生态环境的过程中也相应获得了部分生态、经济效应，测算结果往往倾向于受偿者一方，若由受水区对饮用水源区所损失的机会成本进行悉数补偿，容易引致起环境保护效益分担不公平的问题，这时需要考虑补偿方的态度与支付能力。

3.6.2.5 条件价值评估法

生态系统服务属于“公共物品”，有时候无法通过市场价格的方式来衡量其准确的价值，但构建合理的生态补偿机制要求一种可行的评估环境或公共物品非利用价值的方法，条件价值评估法（Contingent valuation method，CVM）应运而生[115]。其核心是研究者事先根据不同假设情形设计出问卷或条件，以问卷调查的方式诱导人们对于某件公共物品的偏好，从而推导出公众为保护或改善该事物公共物品的愿意支付的最高价格（Willingness to Pay，WTP）或因该事物受到破坏时所愿意最小接受最低补偿价格（Willingness to Accept，WTA），间接获得生态系统服务的非使用价值的总价值[116]。计算公式如下所示：

$$V = WTP_i \times N_i \qquad \text{（式3.6–6）}$$

式中：V——条件价值评估法补偿金额；

WTP_i——第i个受水区实地调查得到的人均最大支付意愿；

N_i——第i个受水区人口数量。

条件价值评估法的实施主要有四个步骤：建立虚拟市场，设计合理的问卷，进行标价；问卷调查；结合数理方法测算个人并外推总体WTP和WTA；进行影响因素和偏差检验。目前，国际上通用的方法有四种，分为投标博弈式问卷、开放式问卷、支付卡式问卷和二元选择式问卷[117]。

条件价值评估法在一定程度上克服了公共物品无法进行市场交易的限制，为生态系统中非使用价值的测度提供了可能性。同时，非常关注公众意愿，提高了开展生态补偿测算时公众的参与度，充分反映了“以人为本”，得到了广泛的运用。此外，该方法可较容易地获取水源地各地区居民的接受意愿和支付意愿信息，适用范围广泛且避免了大量数据的收集与整理，因而备受学界的推崇。但根据实际应用情况发现，由于条件价值评估法研究获得的支付意愿是“过程依赖”的，受问卷设计和实施中的各个环节影响，所以其获得的结果呈现不确定性，调查得到的结论可能会与真正的意愿不相符合，不能显示消费者的“稳定”偏好。同时，由于利益相关者对所进行的调查理解程度不同，往往存在着接受意愿和支付意愿两种标准不统一的情况，尤其当接受意愿远远大于支付意愿的时候，难以调节各方利益，往往会延宕生态补偿机制的顺利运行。因此，基于条件价值评估法的生态补偿评估必须充分考虑开展生态补偿地区的实际状况，情境假设要合理，问卷设计要科学，使政策建议更具科学性。

3.6.2.6　生态效益等价分析法

在某些情况下想要全面地评价一个地区的生态补偿标准是困难的，但可运用逆向思维，通过生态破坏的修复成本来评估该地区生态补偿标准，恢复或防护一种资源不受污染或者破坏所需的费用，也就是地区的最低生态补偿标准[118]。生态效益等价分析法是定量化生态功能损失的一种方法，它可以计算出弥补生态功能破坏所需要的补偿比例，这是一种多参数的经济数学模型。一般的数学模型可以表示为：

$$u_i^0(q_1^0, q_2^0, y_i) = u_i^1(q_1^0 - \triangle_1, q_2^0, y_i + CV_i) \qquad \text{（式3.6–7）}$$

该模型的含义是假设某生态环境系统只有两种服务资源q_1和q_2，其中q_1是受损害的一种服务资源，q_2未受损害，上标0表示初期、1表示破坏后的恢复期；y_i是生态环境系统给其拥有这带来的货币收入；$\triangle_1$是该生态系统的损害量，CV_i是补偿生态环境系统破坏者为拥有者提供的补偿金额。u_i^0为生态环境破坏之前给社会带来的福利，u_i^1是生态环境破坏之后并进行补偿恢复后的总福利，等式表示两者相等，即补偿之后该生态环境系统为利益相关者带来生态福利（效益）是等价的。

生态效益等价分析法是从生态系统受破坏的角度出发，定量化生态功能损失的一种方法，该方法根据修复和防护生态系统所花费的费用做出的评价，数据较容易获得，在环境治理技术比较成熟的前提下可操作性较强，被广泛运用于改善环境质量效益的评价研究中。但该方法也存在一些不足之处，尤其是在假设条件没有被满足时，得到的结果既不准确也不能充分反应实际情况。同时，由于经济数学模型需要许多的参数因子，必须由专门的技术人员进行论证、认可，在这个过程中可能会因人为的因素，出现因子选择差别所造成的评价结果不同，还需要进一步改进和探索。

3.6.2.7 其他方法

在上述生态补偿标准核算方法基础上，相关研究者结合研究区域实际情况，对上述方法进行组合、优化，构建了总成本修正模型[94，119]、关联分析模型[120]、生态足迹测度模型[121]、基于社会福利最大化的流域生态补偿模型[122]、综合测度模型[123]、协同仿真模型[124]等，不断丰富了生态补偿标准核算方法体系。

3.6.3 小结

与其他领域有所不同，饮用水源区生态补偿标准还应结合饮用水源区特点、区域经济发展现状和居民收入水平等实际情况，通过协商和博弈确定当前的补偿标准。这样既能提高提供流域生态服务的积极性，又能节省财政资金，受水区、受益方也较易接受。同时，根据生态保护和经济社会发展的阶段性特征与时俱进，进行适当的动态调整。现对上述主要的生态补偿标准核算方法进行梳理。具体见表3.6–2。

表 3.6–2 主要生态补偿标准核算方法汇总表

方法	原理	优势	劣势
生态系统服务功能价值法	生态系统服务理论	通过生态经济学评价方法对其价值进行综合评估与核算，可作为生态补偿的参考或理论上限值；数据的空间化能为补偿额的分摊提供指导作用	价值估算缺乏统一的测算标准，数据收集困难，计算过程烦琐；计算结果往往偏大，可行性较差；补偿额的分摊问题需要深入研究
资源价值法	供求关系	简化了研究目标，综合考虑水量、水质优劣等因素；所需参数较少，简单可行，可操作性强	适用范围较小，参数取值较难掌握；水质调整系数的确定有待改进和完善
费用分析法	成本费用理论	分析了各种防护成本所需要的费用，核算过程简单，可操作性强，适用范围较广	存在成本的重复计算；效益修正系数的定量化研究不足；测算结果偏小，对上游地区后继工作以及下代人补偿研究不足

续表 3.6-2

方法	原理	优势	劣势
机会成本法	机会成本理论	从生态保护者的切身利益出发，有利于调动保护者的积极性；考虑的因素较少，数据收集容易，计算公式简便，适用范围广	以GDP和人均收入代表发展机会成本欠妥当；参照区要具备的条件很难完全满足；测算结果偏大，损失分担不合理
条件价值评估法	支付与接受意愿	充分考虑了补偿双方的支付意愿，适用范围较广；能计算生态系统非使用价值	数据收集较为困难，计算过程烦琐；受过程依赖，缺乏客观性；与经济水平、公众意识等关系密切，测算结果不确定性较大
生态效益等价分析法	生态系统服务理论	利用生态系统变化对健康的影响及其相关货币损失来测算生态服务的价值	计算过程涉及数据多；计算结果的准确性还需要大量数据验证
综合模型	生态系统价值、成本费用理论、生产要素分配理论等	用理论模型客观地计算了各项成本所需要的补偿	计算过程烦琐；计算结果的准确性还需要大量数据验证

3.7 明确生态补偿责任（补偿系数）

3.7.1 主体责任分担原则

3.7.1.1 受益者负担原则

生态相关效益的占有应合乎公意，其生态补偿责任需要受益者公平分摊[125]。受益者负担原则也称为受益者付费原则（BPP），是指从区域生态服务价值中获得利益的相关者，应该对生态服务的供给者支付一定的费用，承担部分生态效益补偿成本。受益者负担原则是从保护区域生态系统服务功能的角度出发，更能体现区域资源环境的生态价值。

3.7.1.2 共同但有区别的责任原则

“共同但有区别的责任原则”作为人类应对环境与发展问题的重要原则，于1992年在联合国环境与发展大会上提出，并成为国际环境法中的一项重要原则。该原则包含了“共同的责任”和“有区别的责任”两部分内容，它们之间既有明显区别又有紧密联系。对于区域内不同补偿主体而言，区域环境问题的产生是不同环境主体在对自然资源进行生产或者消费、对自然环境开发利用过程中造成的，不同类型行业或企业历史与现实中不同行为对区域环境问题的“贡献”会有所不同，居民个人对环境问题产生不同程度的“贡献”也会因其消费理念、能力以及区域而不同，他们在履行环境义务的同时，也应承担区别的责任。在考虑受益区域和补偿主体履行环境义务的同时，对不同区域和主体之间应差别对待，更能在实际中推进多元化生态补偿。

3.7.1.3 收益结构原则

收益结构原则即根据流域生态服务不同受益地区和补偿主体收益的大小来确定各自分担的成本份额。谁收益、谁承担，收益多、多承担，收益少、少承担，这是市场经济条件下的经济公平的内在客观要求[126]。在确定生态补偿标准分担时，国家、地方政府、企业、社会组织和个人都应该承担相应的成本。

3.7.1.4 能力结构原则

能力结构原则，即以分担能力作为确定流域生态补偿多元主体责任分担的依据，谁能力小，少分担点，谁能力大，多分担点，这是社会公平的内在客观要求[126]。而受益区域和补偿主体分担能力大小的制约因素则是各自所掌握的财力。

3.7.2 主体责任阶段划分

从时间维度来看，多元化生态补偿机制是在生态环境治理现代化进程中不断完善起来的，是分阶段实现的，每个阶段由不同主体来分担生态补偿责任。

（1）在初期阶段，生态补偿工作刚刚起步，这时主要由政府来承担补偿责任，主要通过基于政策和公共财政的转移支付进行生态补偿。

（2）进入到发展阶段时，为保障稳生态补偿政策的长效实施，饮用水源区应充分利用区域优势，探索建立市场化生态补偿机制。双方按市场规则对生态服务功能或生态产品进行定价，由补偿者向受偿者购买生态效益的方式进行补偿，由政府和市场主体来共同承担补偿责任，生态补偿方式也较为多样化。

（3）达到成熟阶段时，生态环境现代治理体系逐渐形成并发挥作用，进入体现社会公平的高级补偿阶段，应由政府、市场主体、社会公众组织共同承担补偿责任[127]。一是以饮用水源区横向生态补偿市场化为切入点，健全土地、水、矿产、森林资源等有偿使用价格制定制度，建立政府与政府之间、企业与政府之间、个人与政府之间的补偿机制，体现“开发利用付费，保护受损受偿”和“绿色增长”的原则。二是建立健全饮用水源区水权、碳汇、碳排放权等交易市场，优化生态产品价值实现机制，由政府“有形的手”和市场“无形的手”协同规范交易价格行为，加快买卖双方沟通协调平台建设，形成受益者承担及时付费义务、保护者得到合理补偿的市场化运行机制。

3.7.3 资金筹集及分担方法

3.7.3.1 资金筹集方式

充足的生态补偿资金和合理的资金营运监管能够确保饮用水源区生态保护工作的顺

利进行，并使饮用水源区政府和人民为保护生态所付出的努力和牺牲得到相应的补偿。目前，国内外关于生态补偿资金筹资方式主要有拨款和募集、生态补偿费与生态补偿税、财政补贴制度、生态转移支付、生态补偿保证金制度、优惠信贷、交易体系、国内外基金及对环保产品实行利润分成制等。此外，还发展出生态补偿的创新融资模式，如建立生态环保创业投资基金、资产证券化融资、BOT投资方式、培育和发展西部民族地区资本市场、开辟投资联结保险金融新产品、引进国际信贷、发行生态建设彩票、培育生态环保信托业等。

3.7.3.2　资金分担方法

生态补偿资金的筹集问题涉及受益地区的分担情况，一般而言，支付意愿是影响受水地区分担生态补偿资金的重要影响因素，而生态补偿意愿又与地区经济社会发展水平密切相关，并且随着经济水平和人民收入的提高而不断增强。为保证生态补偿的公平合理，需要在总结现阶段生态保护补偿资金的使用情况和问题的基础上，制定科学的生态补偿资金区域分担办法，保障生态补偿的长期有效进行。就生态补偿资金的区域分担而言，目前主要有单指标法、综合指标法、离差平方法等。

（1）单指标法

目前，国外的生态补偿几乎不涉及区域生态补偿责任（补偿量）的分担，而国内的研究成果则主要体现在生态补偿标准计算中。单指标法就是以人口比例、用水量、有效支付能力、生态服务功能价值等某一项指标为依据来确定生态补偿责任即补偿量的区域分担。单指标法计算最为简便，但是仅用一个指标来核算生态补偿区域分担系数，难免有些偏颇，且选取的指标不同，计算结果差别较大。

（2）综合指标法

由于单指标法计算的结果往往会有片面性或不合理性，在此将多个单项指标相结合，通过对单项指标赋予合理的权重，对分担系数进行加权汇总，形成对生态补偿责任区域分担系数的综合考虑，即综合指标法[124]。除了考虑受益区的受益程度和支付能力，还应考虑其支付意愿，把它们相结合后确定生态补偿责任分担，以照顾福利水平均等化的要求，实现公平与效率的结合。

一般而言，在假定受益区的受益程度与引水量成正比的条件下，某地区（个人）的受益程度可以直接用引水量指标衡量。支付能力是生态补偿资金筹集的关键性约束条件，一般选用受水区内各地区生产总值总量。生态补偿资金最终要落实到受水区居民上，这就需要考虑居民的支付意愿，以居民可支配收入代表居民的支付意愿，居民的可支配收入越高，其支付意愿就越高，更乐意提供生态补偿资金。计算公式如下所示：

$$F_i = \frac{S_{bi} \times S_{gi} \times S_{wi}}{\sum_{i=1}^{n} S_{bi} \times S_{gi} \times S_{wi}} \tag{式3.7–1}$$

式中：F_i——第i个受水区的分担系数；

F_{bi}——第i个受水区按受益程度的分担系数；

F_{gi}——第i个受水区按支付能力的分担系数；

F_{wi}——第i个受水区按支付意愿的分担系数。

（3）离差平方法

综合指标法在核算区域分担系数的过程中，一般以均分或者通过专家打分的方式来确定每个指标的权重，具有较强的主观性。相关研究认为，离差平方法能够根据某种分担方法所确定的生态补偿分担量与多种分担方法平均值的关系来调整其权重系数，这样会相对客观，从而避免了人为确定权重系数的主观性。通常情况下，当某种分担方法得到的分担值偏离平均值较小时就确定较大的权重系数，偏离平均值较大时则确定较小的权重系数，以改善其分担额度差距过大的状况，进而得出最终的区域分担系数[128~130]。计算公式如下所示：

$$F_i = \sum_{i=1}^{n} W_j \times x_{ij} \quad （式3.7-2）$$

$$W_j = \frac{\sum_{i=1}^{n}\left[(m-1)S_i^2 - (x_{ij}-\bar{x}_i)^2\right]}{(m-1)^2 S_i^2} \quad （式3.7-3）$$

$$S_i^2 = \sum_{i=1}^{n}\sum_{j=1}^{m}\frac{(x_{ij}-\bar{x}_i)^2}{m-1} \quad （式3.7-4）$$

式中：F_i——第i个受水区最终的分担系数；

W_j——第j个指标在所有核算指标中所占的权重；

x_{ij}——第i个受水区按第j个核算指标所承担的分担系数；

$\bar{x}_i$——第i个受水区按所有核算指标所承担的分担系数的平均值；

S_i——第i个受水区按所有核算指标所承担的分担系数的标准差；

n——受水区数量；

m——核算指标数量。

3.8 健全运行保障制度（补偿效果）

生态补偿运行保障制度的建立和完善是为了解决“如何确保补偿效果”的问题，由于生态补偿所涉及的主体繁多，环节错综复杂，因此亟须建立以政府为主导、社会多方积极参与的运行保障制度[74]。一是发挥政府主导作用，完善生态补偿的法律法规和制度体系，协调相关主体之间的利益关系，推进生态补偿工作法治化。二是不断拓宽资金的筹集渠道，确保生态补偿资金充足，为生态补偿工作正常运转提供资金保障；优化资金管理制度，对生态补偿机制工作的过程进行检查、监督、管理，保障生态补偿资金落到实处。三是强化生态补偿支撑体系，不断完善生态补偿标准核算方法体系、监测及预警机制、实施效果评估考核机制，构建科学的生态系统服务价值评估体制，推进生态产品价值实现，提高生态补偿的运转效率。四是加强生态补偿的科普宣传工作，唤醒社会大众的生态参与意识，提升公众参与活力，主动承担起生态补偿的责任和义务，促进生态补偿机制的顺利实施。

\第四章\

昆明主城饮用水源区生态补偿实施情况

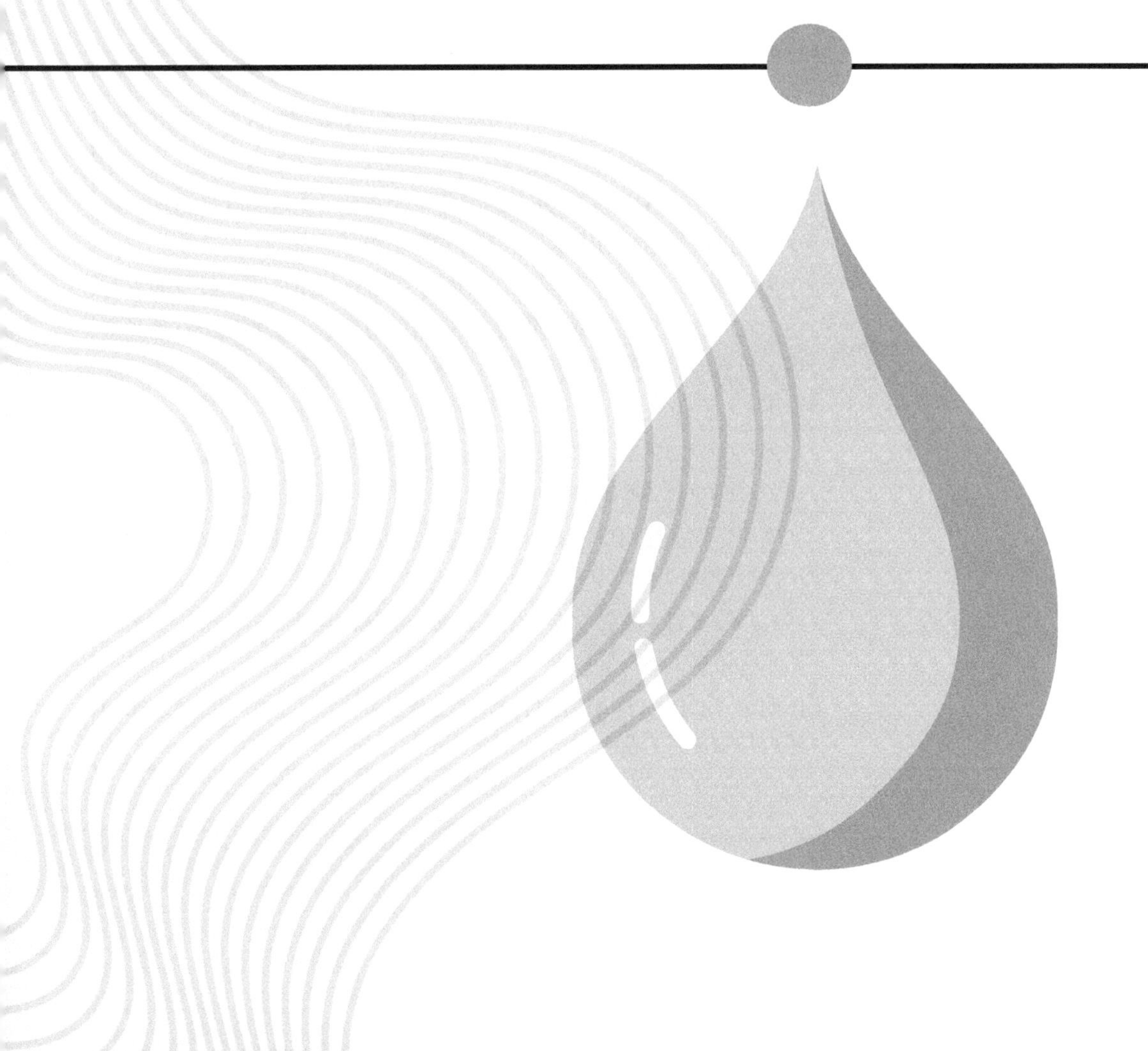

4.1 昆明主城饮用水源区历史沿革

随着昆明经济社会的迅速发展，工农业生产和人民生活水平不断提高，全市先后实施了一系列的重点工程，水利从单一为农业和农村服务转向为全社会服务。到1990年，昆明城市发展到以松华坝水库和滇池为主要水源的5座自来水厂，年均供水量达1.01亿m^3，较1950年的40万m^3/年增长约250倍。

1996年，为解决改善昆明东部、西部、南部片约80万人的生活用水问题，昆明市实施了“2258”引水济昆工程，是昆明区域内引水调水的开端。1999年12月，掌鸠河引水供水工程动工建设，并于2007年3月试通水，年均向昆明城市供水2.50亿m^3，使昆明市区形成了“六库一站”的城市供水体系，同时也终结了昆明喝滇池水的历史（滇池外海现为备用水源）。2007年7月，清水海引水工程一期开工建设，2012年4月建成投入使用，主要用于解决空港经济区、呈贡区和寻甸县的工业和生活用水。

表 4.1-1　昆明市主城饮用水源区历史沿革

名称	始建时间	建设原因及历史沿革
松华坝水库	1958年	1960年建成运行，1981年成立“松华坝水库水源保护区”，1995年完成加固扩建
云龙水库	1999年	1999年12月19日开工建设、2004年下闸蓄水、2007年3月25日试通水，为昆明市掌鸠河引水供水工程主要水源
清水海水源地	1956年	作为“滇中调水”工程先期实施项目，2007年10月开工建设清水海引水工程（一期），2012年4月实现向昆明供水，主要用于空港经济区、呈贡区、经开区生产、生活用水；同时，满足寻甸县城生活用水需求
大河水库	1958年	1996年实施的昆明市“2258”引水济昆南线调水工程主要水源，1998年5月开始向主城区供水
柴河水库	1956年	1996年实施的昆明市“2258”引水济昆南线调水工程主要水源，1998年5月开始向主城区供水
宝象河水库	1958年	1958年建成后主要以农灌为主；1996年实施的昆明市“2258”引水济昆东线调水工程主要水源
红坡—自卫村水库	1978年	昆明市“2258”引水济昆西线调水工程主要水源，1997年修建、2000年11月20日竣工蓄水

4.2　昆明主城饮用水源区基本情况

4.2.1　类型划分

根据水源类型分类，昆明市主城7个集中式饮用水水源地均为地表水库型，属金沙江水系，具体情况见下表。

表 4.2–1　昆明市主城饮用水源区类型划分

名称	所属水系	所属流域	备注
松华坝水库	金沙江水系	滇池流域	主要河流为牧羊河、冷水河
云龙水库	金沙江水系	普渡河流域	主要河流为石板河、老木河、水城河、金乌小河，以及双化水库（前置库）
清水海水源地	金沙江水系	小江流域	由清水海水库以及板桥河水库、新田河水库、石桥河水库、塌鼻子龙潭水源点组成；金钟山水库为调节水库。
大河水库	金沙江水系	滇池流域	主要河流为大河
柴河水库	金沙江水系	滇池流域	主要河流为柴河
宝象河水库	金沙江水系	滇池流域	主要河流为小寨河、热水河；原沙井大、小河水库至宝象河水库输水线路被挖断，已丧失输供水功能
红坡—自卫村水库	金沙江水系	滇池流域	含西山区大坝水库；原沙朗河天生桥抽水站使用频率已显著降低

4.2.2　自然环境概况

4.2.2.1　地理位置

昆明市地处云贵高原中部，云南省中东部，处于金沙江、珠江、红河的分水岭地带，东与曲靖市会泽县、马龙区、陆良县和红河州泸西县接壤，西与楚雄州武定县、禄丰市及玉溪市易门县相连，南与玉溪市红塔区、峨山彝族自治县、江川区、澄江市、华宁县及红河州弥勒市毗邻，北与四川省凉山彝族自治州的会东县和会理县隔金沙江相望。从区位分布上看，昆明主城7个饮用水源区从北到南分散于昆明市域范围内，最远的云龙水库距离中心城区约90km，最近的红坡—自卫村水库近邻中心城区，除柴河水库、大河水库、宝象河水库外，其余4个水源地均位于昆明市主城区北部，呈现北多南少的特点，与昆明北高南低的地势特征相符合，利于向昆明市主城区供水。

4.2.2.2 地形地貌

昆明市受整个云南高原的抬升运动和来自西北方向横断山余脉及北乌蒙山脉的控制，地势北高南低，由北向南呈阶梯状逐渐低缓，北部多山，南部较平坦，以高原为主体，湖盆为特征，以岩溶高原地貌形态为主，红色山原地貌次之。市中心海拔1891m，大部分地区海拔在1500～2800m，最高海拔4247m，最低海拔746m，平均海拔1894m，地形较为复杂。全市土地面积2.1万km^2，其中丘陵、山地约占土地总面积的88%，平地约占总面积的10%，湖泊占总面积的2%。昆明主城集中式饮用水水源地均为丘陵山地地貌，基本以侵蚀构造成因的中低山地貌、岩溶构造成因的中山峡谷地貌为主，间夹侵蚀堆积成因的山涧河谷地貌，除柴河水库、大河水库水源保护区的地势呈南高北低，宝象河水库水源保护区地势呈东高西低外，其余水源地均呈北高南低地势。昆明主城7个饮用水源区的平均海拔为2015m，其中海拔最低的松华坝水库为1937米，海拔最高的清水海水库为2174m。

4.2.2.3 河流水系

昆明市河流分属金沙江（长江上游）、南盘江（珠江上游）、元江（红河上游）三大水系。其中，属金沙江流域的面积占73.44%，主要河流包括金沙江干流、普渡河、掌鸠河、牛栏江、小江等；属南盘江流域的面积占24.81%，主要河流包括南盘江干流、麦田河、小河槽子、西河、巴江等；属元江流域的面积占1.75%，主要河流包括扒江、王家滩河、三乡河、大摆衣河等。昆明主城7个饮用水源区均为地表湖库型水源地，均属于金沙江水系，其中松华坝水库、大河水库、柴河水库、红坡—自卫村水库、宝象河水库属于滇池流域，云龙水库属于普渡河流域，清水海水源地属于小江流域。各水库水体基本情况详见表4.2-2。

表 4.2-2 昆明主城饮用水源区所属流域、汇水区面积及主要水体信息表

名称	所属流域	汇水区面积（km^2）	主要入库河流	主要水体信息
松华坝水库	滇池流域	629.8（含地表水593km^{2}和地下水汇入区域）	冷水河、牧羊河	主要入库河流有牧羊河和冷水河。其中牧羊河长约50km，控制径流面积373km^2，多年平均径流量8370万m^3；冷水河长约20km，控制径流面积149km^2，径流深685mm；多年平均径流量8900万m^3；牧羊河与冷水河于小河村东南交汇后注入松华坝水库
云龙水库	普渡河流域	757.14（其中昆明市域内662.55km^2、楚雄州域内94.59km^2）	石板河、老木河、水城河	石板河是主源，发源于禄劝县马鹿塘乡对车村，全长55.6km，径流面积429km^2；老木河发源于禄劝县与武定县交界处的锅盖梁山东部，全长24.7km，径流面积124km^2；水城河发源于武定县境内的烂泥箐水库上游，全长36.6km，汇水面积166km^2

续表 4.2-2

名称	所属流域	汇水区面积（km^2）	主要入库河流	主要水体信息
清水海	小江流域	314.81	新田河、石桥河、板桥河	板桥河水库主要任务为拦蓄板桥河来水，通过输水隧洞将来水引到石桥河至清水海输水线；石桥河引水枢纽工程的主要任务是将石桥河来水拦入引水渠道，通过输水干线将石桥河来水调入清水海水库；新田河水库主要任务是将新田河河水导引入清水海；塌鼻子龙潭采用明渠引水方式将龙潭水引入清水海水库；清水海水库在对上述来水进行充分调节后向昆明供水，清水海水库向同心水库分水闸供水，之后分水闸向金钟山水库引流量
大河水库	滇池流域	45.58	大河	大河水库出库和入库河流均为大河。大河主要发源于干洞、关岭大陷塘和菖蒲塘汇入大河水库。入库主河道长9.4km，河道平均坡降33‰，出库后汇入滇池
柴河水库	滇池流域	106	柴河	柴河发源于新寨和干海，出库河流经李官营、段七、小寨村等处，与大河交汇后流入滇池。流域呈矩形，南北长14km，东西最大宽度为10km
宝象河水库	滇池流域	67.24（不含沙井大河水库、沙井小河水库汇水区）	小寨河、热水河、岔河	小寨河发源于老爷山西麓，南流5km经小寨村至三岔河入小河。支流小河发源于阿底村石灰窑土城山西麓的山谷中，南流6km在三岔河汇入小寨河，两河交汇后经热水河村至裘雨山称为热水河，长10km，属高山峡谷带溪性河流。沙井大河水库与沙井小河水库蓄水通过管道进入宝象河，目前管道被挖断，已丧失输供水功能
红坡—自卫村水库	滇池流域	17.79		红坡水库、自卫村水库来水主要为降雨地表径流，以及西山区大坝水库

4.2.2.4　气候条件

昆明市气候属亚热带低纬度高原山地季风气候，冬夏温差小，四季如春，大部分地区冬季最冷月平均气温7.5℃，夏季最热月平均气温19.7℃。全年降水量在时间分布上明显地分为干、湿两季，5—10月为雨季，11月至次年4月为旱季。全市多年平均降雨量为978.7mm，多年降雨日数132～136d。昆明市光热资源较为丰富，年平均日照时数在2118.3h。昆明主城7个饮用水源区总体上与昆明市的气候特征类似，除松华坝水库属暖温带湿润季风气候外，其余水源地均属于北亚热带季风气候，主要呈现出雨旱季分明，气温年温差小、日温差大，雨量集中，日照充沛等特点；另外由于各水源地垂直方向分布差异，造成各水源地也呈现出不同的小气候特点。7个水源地年平均气温值为14.7℃，最高为松华坝水库15.6℃，最低为云龙水库13.8℃；年平均降水量均值为977.5mm，最高为红坡—自卫村1100mm，最低为宝象河水库873.3mm；年平均蒸发量均值为1586.5mm，最高为清水海水库1957.5mm，最低为云龙水库960.6mm。

4.2.3 经济社会

4.2.3.1 行政区划

昆明市下辖7个市辖区（五华区、西山区、盘龙区、官渡区、呈贡区、晋宁区、东川区）、3个县（富民县、嵩明县、宜良县）、3个自治县（石林彝族自治县、禄劝彝族苗族自治县、寻甸回族彝族自治县）、代管1个县级市（安宁市）。昆明主城饮用水源区共涉及7个县（区）、20个乡（镇）街道办事处、103个村（居）委会、597个自然村、719个村民小组，具体见表4.2–3。

表 4.2–3 昆明主城饮用水源区涉及行政区划汇总表

名称	县区	乡（镇）街道办	村（居）委会（个）	自然村（个）	村民小组（个）
松华坝水库	盘龙区	滇源、阿子营、松华、双龙街道办	37	214	247
	空港经济区	大板桥街道办	1	2	2
云龙水库	禄劝县	撒营盘镇、云龙乡、团街镇、皎平渡镇、马鹿塘乡、茂山镇	32	218	271
清水海水源地	寻甸县	金所街道办、六哨乡、甸沙乡、先锋镇	14	100	126
	盘龙区	滇源街道办	2	5	7
大河水库	晋宁区	晋城镇	2	13	14
柴河水库	晋宁区	六街镇、上蒜镇	9	26	33
宝象河水库	空港经济区	大板桥街道办	4	13	13
红坡—自卫村水库（含大坝水库）	五华区	西翥、黑林铺街道办	2	2	2
	西山区	团结街道办	1	5	5
合计			103	597	719

4.2.3.2 人口

根据统计，昆明主城饮用水源区内分布有总人口192315人。在总人口中，松华坝水库、云龙水库、清水海、柴河水库饮用水源区内人口数量较多，分别为88094人、52944人、32446人、13389人，而宝象河水库、大河水库、红坡—自卫村饮用水源区内人口较少，分别为2463人、2249人、730人。

4.2.3.3 经济发展

2018年，昆明全市实现地区生产总值（GDP）5206.90亿元，按可比价计算，比上年增长8.4%。其中第一产业增加值222.16亿元，增长6.3%；第二产业增加值2038.02亿元，增长10.0%；第三产业增加值2946.72亿元，增长7.3%。三次产业结构为

4.3：39.1：56.6。全年城镇常住居民人均可支配收入42988元，比上年增长8.0%；农村常住居民人均可支配收入14895元，比上年增长8.7%。

根据调研统计结果，昆明主城饮用水源区农村经济总收入为16.28亿元，各饮用水源区内农民主要收入来源为种植业、养殖业等第一产业，占到总收入的50%以上；各饮用水源区农村常住居民人均纯收入为4668～12700元/人，均低于其所在县（区）及昆明市水平，经济发展水平较低。具体见图4.2–1。

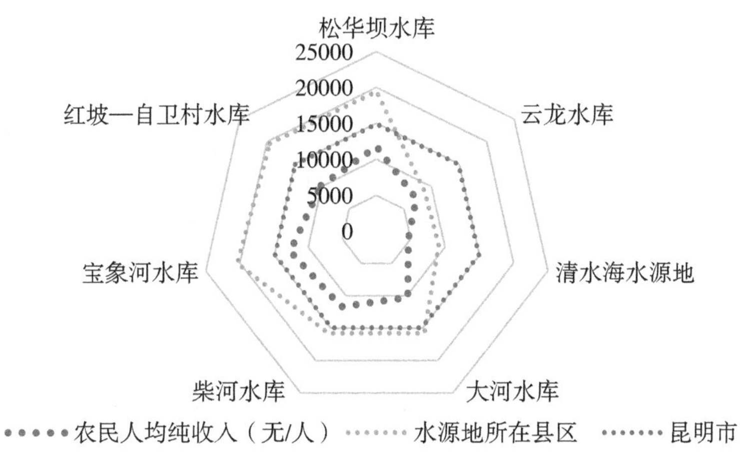

图 4.2–1　昆明主城饮用水源区农村居民人均纯收入情况

4.2.3.4　土地利用

昆明主城饮用水源区在昆明市辖区内的面积为1855.84km²，占全市国土面积的8.64%。从土地利用类别总体情况来看，以林地面积最大，其占比达60.89%。其次为耕地面积和草地面积，其占比分别为23.08%和9.67%；而园地、水域及水利设施用地、城镇村及工矿用地、交通运输用地和其他土地合计面积相对较小，占比为0.12%～2.21%。各饮用水源区的土地利用情况见图4.2–2。

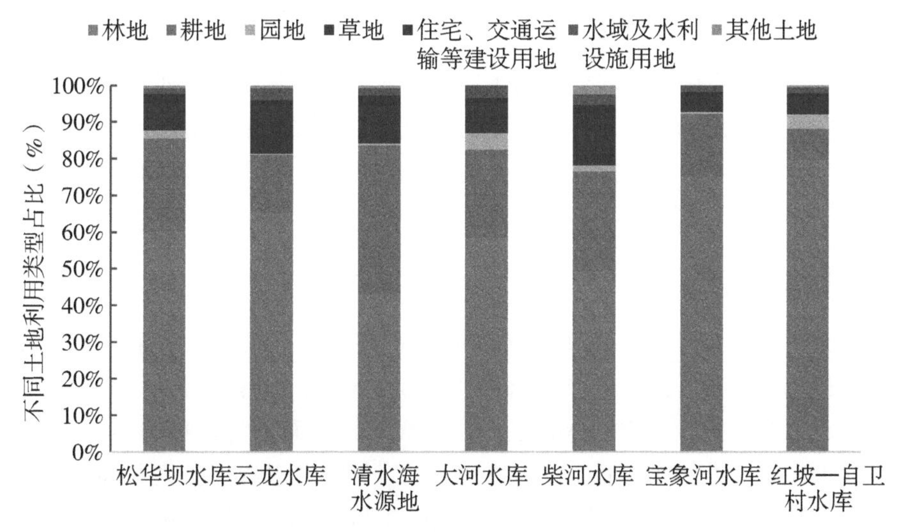

图 4.2–2　昆明主城饮用水源区土地利用情况

4.3 昆明主城饮用水源区分级划界情况

4.3.1 分级划界情况概述

2007年10月，由昆明市环境保护局组织编制完成了《昆明市主城区集中式饮用水水源保护区划分技术报告》，包括松华坝水库、云龙水库、宝象河水库、自卫村水库、柴河水库及大河水库水源保护区的划分，技术报告按程序上报云南省人民政府。由于云龙水库径流区涉及昆明市和楚雄州两个行政区域，2009年9月，为解决云龙水库水源跨区域保护的问题，《昆明市云龙水库保护条例》由市级保护条例上升为省级保护条例，《云南省云龙水库保护条例》重新划定了云龙水库一级、二级和三级保护区范围。2011年3月，云南省人民政府下发《云南省人民政府关于全省重点城市主要集中式饮用水水源保护区划分方案的批复》（云政复〔2011〕41号），对昆明市主城区集中式饮用水水源保护区划分报告予以批复。

2011年11月，昆明市人民政府下发《昆明市人民政府关于全市县级城镇主要集中饮用水源保护区划分方案的批复》（昆政复〔2011〕113号），对包括清水海在内的全市县级以上饮用水源保护区划分方案予以批复。2012年，《云南省人民政府关于同意昆明市清水海引水工程（一期）水源地水源保护区划分的批复》（云政复〔2012〕69号）对清水海水源保护区进行批复。

2014年3月，云南省人民政府下发文件《云南省人民政府关于云龙水库饮用水源保护区划分方案（楚雄州部分）的批复》（云政复〔2014〕9号），对云龙水库饮用水源保护区划分方案（楚雄州部分）给予批复，对云龙水库水源保护区划定的昆明市部分和楚雄州部分进行了更新和明确。2017年，《云南省人民政府关于昆明市清水海引水工程（一期）饮用水水源保护区范围调整的批复》（云政复〔2017〕76号）对清水海水源保护区范围进行调整。

2018年，晋宁区人民政府启动大河水库、柴河水库水源保护区划定调整工作。2019年，盘龙区人民政府启动松华坝水库水源保护区划定调整工作。2020年7月，昆明市生态环境局对三个水源地水源保护区划定（调整）方案进行了公示。目前，三个饮用水水源保护区划定（调整）方案还处于报批阶段。

4.3.2 分级划界结果

目前，昆明主城7个集中式饮用水水源地全部划定了一级、二级保护区，水源保护区总面积为1950.43km^2（昆明市域内面积1855.84km^2），其中松华坝水库、云龙水库2个水源地划定了准保护区。水源保护区中，一级保护区面积为151.81km^2、二级保护区面积为1006.04km^2、准保护区面积为697.99km^2，分别占水源保护区总面积的8.18%、54.21%、37.61%。从行政区划分布上看，昆明主城7个集中式饮用水源区分布于盘龙区、五华区、西山区、晋宁区、空港经济区、禄劝县、寻甸县，具体情况见表4.3–1。

表 4.3–1　昆明主城饮用水源区面积及涉及县（区）汇总表

名称	水源保护区批复面积（km^2）	涉及县（区）
松华坝水库	629.80	盘龙区、空港经济区
云龙水库	662.55（总面积757.14km^2，含楚雄州武定县94.59km^2）	禄劝县
清水海水源地	314.81（寻甸县境内面积为291.39km^2，金钟山水库范围为23.42km^2）	寻甸县、盘龙区
大河水库	45.58	晋宁区
柴河水库	106.00	晋宁区
宝象河水库	79.31（沙井大河、沙井小河水库已停止供水，实际面积为宝象河水库径流区67.24km^2）	空港经济区
红坡—自卫村水库（含大坝水库）	17.79	五华区、西山区

4.4　昆明主城饮用水源区生态补偿实施情况

4.4.1　生态补偿相关政策制定及实施形式

长期以来，昆明市委、市政府高度重视饮用水水源地管理与保护工作，着力推动顶层设计，相继出台了一系列政策措施，并在国内率先建立并实施了饮用水源区扶持补助。2005年以来，昆明市先后制定出台了《昆明市松华坝水源保护区生产生活补助办法（试行）》（昆政通〔2005〕39号）、《昆明市云龙水库水源区群众生产生活补助办法》（昆政办〔2008〕13号），从退耕还林、平衡施肥、清洁能源使用、学生就读、医疗清洁能源、护林保洁等方面对饮用水源区进行生态扶持补偿。

2011年，在原松华坝、云龙水源区补助办法和内容的基础上，整合出台了《昆明市松华坝、云龙水源保护区扶持补助办法》（昆政发〔2011〕56号），以保护生态环境和促进农民增收为重点，引入了水质和补助资金挂钩制度，完善了管理考核办法。2013年，随着清水海引水供水工程投入运行，及时制定出台了《昆明市清水海水源保护区扶持补助办法》（昆政发〔2013〕31号），将清水海饮用水源区群众纳入全市生态补偿机制体系之内，相应增加了“农改林”、产业结构调整、劳动力转移技能培训、生态环境建设项目补助等扶持补助类别。“十二五”期间，陆续出台了《关于促进主城区集中式饮用水源保护区居民转移进城的实施意见》（昆办发〔2014〕8号）、《昆明市促进市级重点水源区农村劳动力转移就业实施方案》（昆政办〔2015〕102号）。通过优先就业、优惠就学、优待养老等“柔性移民”方式，加快水源保护区居民平稳有序向主城区、开发区、县城、乡镇（街道）转移，同步推进水源区生态保护和民生改善。

经过不断发展和完善，2016年出台了《昆明市主城饮用水源区扶持补助办法》（昆政发〔2016〕61号），范围覆盖昆明市主城7个集中式饮用水水源地，生态补偿机制涉及包括退耕还林、“农改林”、产业结构调整、劳动力转移技能培训、生态环境建设项目、就学、能源、医疗、护林保洁、监督管理等方面的内容。同时，各饮用水源区属地政府也根据实际情况制定了饮用水源区扶持补助办法，为饮用水源区供水安全及区域社会经济发展提供了重要支撑。

表 4.4–1　昆明主城饮用水源区扶持补助政策变化情况汇总表

时期	扶持补助政策制定情况	覆盖范围	补助内容
“十一五”时期	2005年，制定《昆明市松华坝水源保护区生产生活补助办法（试行）》	松华坝水库饮用水水源区	● 生产补助（退耕还林、平衡施肥）； ● 生活补助（能源、就学）； ● 管理补助（护林员、保洁员、县乡管理与保护工作）
	2008年，制定《昆明市云龙水库水源区群众生产生活补助办法》	云龙水库饮用水水源区	● 生产补助（退耕还林、平衡施肥）； ● 生活补助（能源、医疗、就学、淹地不淹房）； ● 管理补助（护林员、保洁员、乡镇管理保护工作、专项补助）
“十二五”时期	2011年，制定《昆明市松华坝、云龙水源保护区扶持补助办法》	松华坝水库、云龙水库饮用水水源区	● 生产扶持（退耕还林、“农改林”、产业结构调整、清洁能源、劳动力转移技能培训、生态环境建设项目）； ● 生活补助（学生就学、能源、医疗）； ● 管理补助（护林工资、保洁工资、监督管理）
	2013年，制定《昆明市清水海水源保护区扶持补助办法》	清水海饮用水水源区	● 生产扶持（退耕还林、“农改林”、产业结构调整、清洁能源、劳动力转移技能培训、生态环境建设项目）； ● 生活补助（学生、能源、医疗）； ● 管理补助（护林工资、保洁工资、县级监督管理）
	2014年，制定《关于促进主城区集中式饮用水源保护区居民转移进城的实施意见》	昆明主城7个饮用水源区	生活补助（就学、养老）
	2015年，制定《昆明市促进市级重点水源区农村劳动力转移就业实施方案》	昆明主城7个饮用水源区	生产补助（外出就业、外出租地、吸纳就业）

续表 4.4–1

时期	扶持补助政策制定情况	覆盖范围	补助内容
“十三五”时期	2016年，制定《昆明市主城饮用水源区扶持补助办法》	昆明主城7个饮用水源区	1. 市级定额补助 ● 生产扶持，包括退耕还林补助、“农改林”补助、产业结构调整补助、清洁能源补助、劳动力转移就业补助。 ● 生活补助，包括教育补助、能源补助、医疗和养老等方面的补助。 ● 管理补助，包括巡查考核管理工作经费（含综合检查、执法巡查、公益广告宣传、聘请第三方服务机构、主城饮用水源区综合数据连续采集、违法举报奖励等费用）；县（区）人民政府或经批准成立的主城饮用水源区保护管理机构的管理经费补助、主城饮用水源区护林工资补助和保洁工资补助。 ● 生态治理补助，可以包括湿地、垃圾与污水处理、人口搬迁等项目的管理、设施维护、运行等方面的补助。 ● 县（区）人民政府或经批准成立的主城饮用水源区保护管理机构所确定的主城饮用水源区产业发展、城乡统筹等方面政策补助。 ● 属地政府根据各自主城饮用水源区具体情况制定实施细则并执行。 2. 市级以投代补 ● 市重点水源区保护委员会成员单位市水务局、市环保局、市农业局、市林业局、市发改委、市财政局、市人社局、市教育局、市国土资源局、市规划局、市住房城乡建设局、市民政局、市城管综合执法局、市滇管局、市移民开发局按照主城饮用水源区“十三五”规划，以基础设施建设投入的方式对主城饮用水源区实施补助，对位于主城饮用水源区内符合政策规定的项目给予优先倾斜安排

4.4.2 生态补偿相关政策运行情况

4.4.2.1 政策体系制定情况

近年来，为推动昆明市主城水源保护区管理保护工作和改善群众生产生活条件，昆明市人民政府制定了多项扶持政策，对水源保护区生态补偿制度的实施方式进行了具体落实。各饮用水源区属地政府也相应出台了配套的管理办法和措施，进一步细化饮用水水源地扶持补助资金的拨付、审核和监管，逐步健全全市主城饮用水源区保护和管理转移支付资金补助政策体系。具体情况见表4.4–2。

表 4.4–2　昆明主城饮用水源区扶持补助政策体系制定情况

名称	饮用水源区扶持补助办法	部门管理办法	
		制定部门	具体管理办法
松华坝水库饮用水源区	《盘龙区人民政府关于印发〈盘龙区松华坝饮用水源保护区扶持补助办法（试行）〉的通知》（盘政通〔2017〕1号）	区农林局	《盘龙区退耕还林补助管理办法》，《盘龙区“农改林”补助管理办法》，《盘龙区农业产业化扶持资金管理办法（暂行）》，《盘龙区清洁能源补助管理办法》，《盘龙区能源补助管理办法》《昆明市盘龙区护林员管理办法（试行）》（盘政办通〔2018〕116号），《盘龙区水保护林员补助管理办法》
		区财政局	《松华坝水源保护区群众生产生活扶持补助资金管理办法（试行）》
		区水务局	《盘龙区湿地保护补助管理办法》，《盘龙区生态清洁小流域运行管护办法（试行）》（盘政办通〔2016〕83号）
		区教育体育局	《盘龙区松华坝水源保护区学生生活补助实施细则》
		区居保局	《盘龙区养老补助管理办法》
		区民政局	《关于农村居民死亡后给予火葬补助的通知》（盘政办通〔2010〕16号），《盘龙区殡葬扶持补助管理办法》
		区人社局	《关于印发盘龙区促进松华坝重点水源区农村劳动力转移就业实施方案的通知》（盘政办通〔2015〕119号）
		区城管局	《盘龙区环境卫生清扫保洁委托管护服务质量管理考核奖惩办法》《盘龙区环卫一体化作业质量管理考核办法》
云龙水库饮用水源区	禄劝彝族苗族自治县人民政府关于贯彻执行《昆明市主城饮用水源区扶持补助办法》的实施细则（禄政发〔2017〕25号）	县人民政府	《云龙水库水源区扶持补助资金管理实施方案》《云龙水库水源区扶持补助资金管理细则》

续表 4.4–2

名称	饮用水源区扶持补助办法	部门管理办法	
		制定部门	具体管理办法
清水海饮用水源区	《寻甸回族彝族自治县人民政府关于印发〈寻甸回族彝族自治县昆明市清水海水源保护区扶持补助办法（试行）〉的通知》（寻政发〔2016〕110号）	县人民政府	《寻甸回族彝族自治县人民政府2017年清水海水源保护区扶持补助资金兑现方案》《寻甸回族彝族自治县人民政府2018年清水海水源保护区扶持补助资金兑现方案》《寻甸回族彝族自治县人民政府关于印发〈2019年清水海水源保护区扶持补助资金分配方案〉的通知》
柴河、大河水库饮用水源区	《昆明市晋宁区水务（滇池管理）局关于印发〈昆明市晋宁区柴河、大河水源区扶持补助实施方案〉的通知》（晋水便笺〔2017〕30号）	区水务（滇池管理）局	《昆明市晋宁区水务（滇池管理）局关于印发〈昆明市晋宁区柴河、大河水源区扶持补助实施方案〉的通知》（晋水便笺〔2017〕30号）
红坡一自卫村饮用水源区	《昆明市五华区人民政府关于印发〈五华区红坡水库水源保护区扶持补助〉办法的通知》（五政发〔2017〕10号），《昆明市五华区人民政府关于印发〈五华区自卫村水库水源保护区扶持补助办法〉的通知》（五政发〔2017〕11号）	区人民政府	《昆明市五华区人民政府办公室关于印发五华区红坡水库水源保护地新一轮退耕还林实施方案的通知》（五政办通〔2018〕103号）
		区农林局	《关于拨付2018年红坡水库水源保护区退耕还林项目补助款的通知》（五农林通〔2018〕112号），《昆明市五华区红坡水库水源保护地第二轮退耕还林实施方案》
		区水务局	《昆明市五华区水务局关于拨付2019年自卫村水库“农改林”经费补助的通知》《昆明市五华区水务局关于拨付2019年红坡水库“农改林”经费补助的通知》
大坝水库饮用水源区	《西山区大坝水库饮用水源保护区扶持补助办法（试行）》（西政办通〔2017〕92号）	区水务局	《西山区大坝水库饮用水源保护区扶持补助实施工作方案》（西饮水保办通〔2017〕8号），《关于加快推进大坝水库饮用水源保护区扶持补助工作的通知》（西饮水保办通〔2018〕2号），《关于加快推进大坝水库饮用水源保护区扶持补助工作的通知》（西饮水保办通〔2018〕8号）

4.4.2.2　扶持补助资金落实情况

2009年，经昆明市委、市政府研究，提出了“水源保护专项资金”的概念，并按照受益与补偿相结合的原则，设立水源保护专项资金。根据《昆明市主城饮用水源区扶持补助办法》，昆明市主城饮用水源区扶持补资金主要来源于主城饮用水源生态保护专项资金，该专项资金由市财政局负责设立，主城饮用水源生态保护专项资金的构成包括：由昆明市下辖的五华区、盘龙区、官渡区、西山区、呈贡区人民政府，以及昆明国家高新技术产业开发区管委会、昆明国家级经济技术开发区管委会、昆明滇池国家旅游度假区管委会每年上缴饮用水源保护专项资金3000万元（合计2.4亿元）；昆明市财政每年统筹安排的资金。昆明市财政将扶持补助资金以转移支付的形式下达到各个县（市、区），经县（市、区）进行资金配套后拨付给承担本区生态保护任务的部门，以保障各项工作的顺利推进。

4.4.2.3 考核机制建立及运用情况

2016年，昆明市人民政府下发了《昆明主城饮用水源区保护管理工作考核办法》，每年组织15个市级部门对昆明市主城7个水源区属地政府水质达标情况、原水供水量、日常保护管理情况进行年度考核打分，各部门考核结果作为下一年度生态补偿资金安排依据。同时，将考核中发现问题作为次年重点整改工作任务，明确了各主城饮用水源区属地政府年度扶持补助资金的拨付量与饮用水源区的水质、水量、日常保护管理考核挂钩。

\ 第五章 \

昆明主城饮用水源区生态补偿实施绩效评估

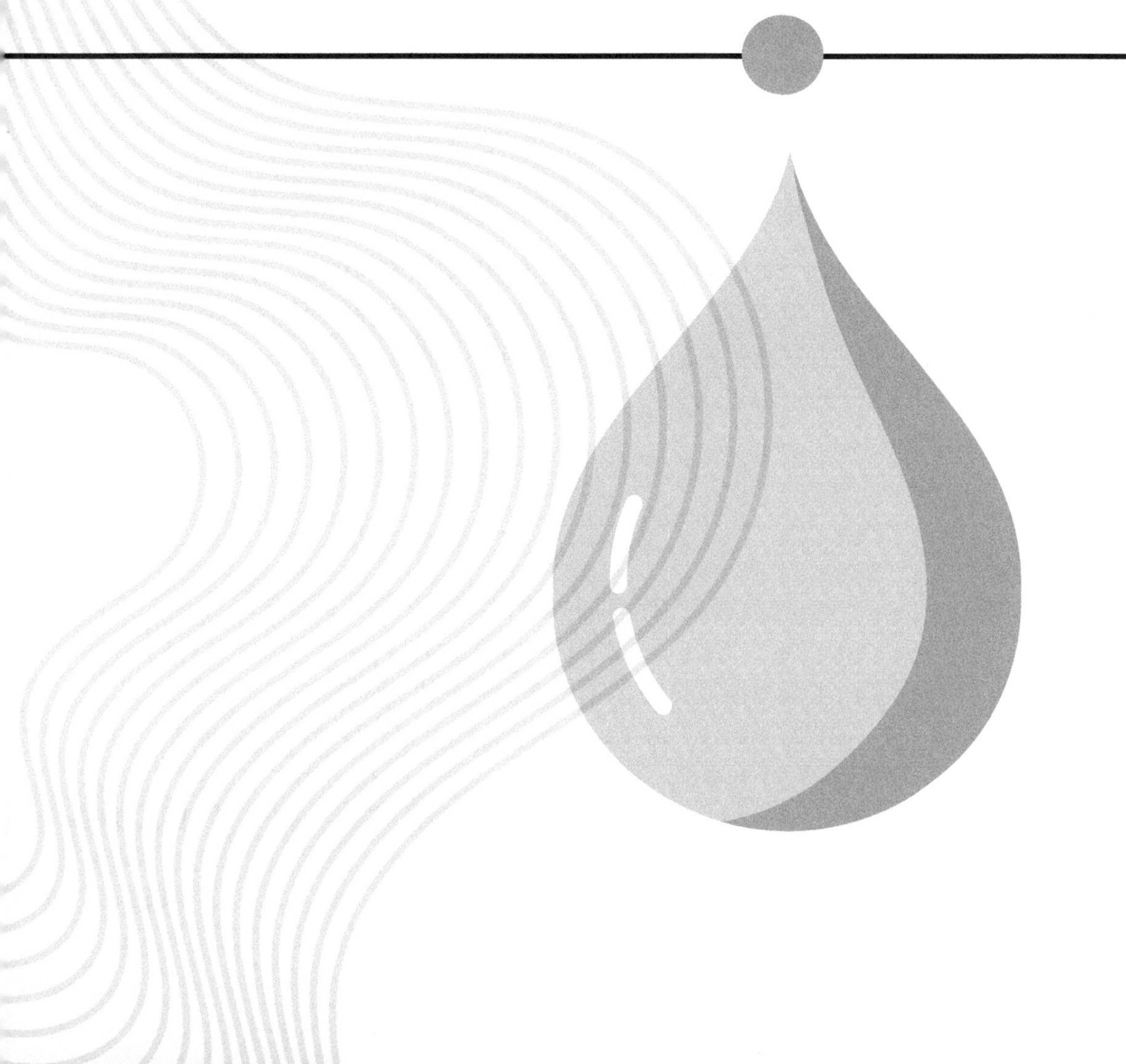

5.1 绩效评估方法

5.1.1 方法体系

根据国内外的研究成果和实践情况，目前绩效评价的定量方法主要是专家打分法（Delphi）、熵值法、层次分析法（AHP）、模糊综合评价法（FCE）、主成分分析法（PCA）、数据包罗分析法（DEA）、优劣解距离法（TOPSIS）等。

结合已有研究成果和昆明市主城饮用水源区实际情况，采用层次分析法（AHP）开展扶持补助办法实施绩效评估工作。首先，建立层次结构，将各指标项按属性分为目标层、准则层、指标层三个层次，筛选评价指标体系。其中第一层为目标层，即扶持补助办法实施绩效；第二层为准则层，包括经济发展、社会效益、环境状况、生态状况、资源支撑能力、环境管理状况等维度；第三层为指标层，是扶持补助办法实施绩效评估指标体系的最基本层面。其次，基于专家打分，辅助熵值法、多准则群体决策模型得到各指标权重值。最后，利用标准化方法将评估指标体系各指标进行无量纲化处理，并根据各评估指标的权重值进行加权平均，从而得到扶持补助办法实施绩效的综合评估结果。

5.1.2 权重值确定方法

5.1.2.1 准则层权重确定方法：量值关系权法或熵值法

根据相关研究，使用“量值关系权”来确定准则层各指标的权重。对指标优选后建立的指标体系进行赋权，应当保证指标权值应尽可能具有客观性，权值大小应能体现因子的量值大小和它们之间的相关关系。设准则层A用一组指标x_1，x_2，……，x_j，……，x_m来表征，利用PCA得到m个特征向量：

$$\begin{cases} Z_1 = w_{11}x_1 + w_{21}x_2 + \cdots + w_{m1}x_m \\ Z_2 = w_{12}x_1 + w_{22}x_2 + \cdots + w_{m2}x_m \\ \quad\cdots \\ Z_m = w_{1m}x_1 + w_{2m}x_2 + \cdots + w_{mm}x_m \end{cases} \qquad \text{（式5.1–1）}$$

式中：w_{j1}、w_{j2}、……w_{jm}分别为指标x_j对主成分Z_1、Z_2、……Z_m的贡献。

$$w_j =（w_{j1}）Z_1 +（w_{j2}）Z_2 + \cdots\cdots +（w_{jm}）Z_m \qquad \text{（式5.1–2）}$$

式中：w_j表示第j个指标对准则层A的综合信息能力贡献，即权重。

“量值关系权”的权重判断偏于保守，在指标较少时区分度较弱。“熵值法”是一个可替代方法。设指标x_j有n个样本C_{1j}，C_{2j}，……，C_{ij}，……，C_{nj}，则：

$$f_{ij} = C_{ij} / \sum_{i=1}^{n} C_{ij} \qquad \text{（式5.1–3）}$$

$$u_j = -\sum_{i=1}^{n} f_{ij} \times \log_2 f_{ij} \qquad \text{（式5.1–4）}$$

$$w_j = u_j / \sum_{j=1}^{m} u_j \qquad \text{（式5.1–5）}$$

5.1.2.2　目标层权重确定方法：多准则群体决策模型

对于目标层—准则层权重确定，采用专家咨询的方法进行评判，根据AHP方法可得出每个专家的评价指标权重，构建判断矩阵。然而专家之间的判断结果往往存在较大的不一致性，并存在专家偏好影响，因此引入多准则群体决策模型得出一个更具客观性的综合判断矩阵[131~134]。多准则群体决策模型的实质，是对专家意见进行聚类分析的层次分析法。该方法对传统的基于专家咨询的层次分析法做出改进，利用聚类分析，对各专家打分结果进行加权平均，利用客观的统计方法提高专家共识，能够在一定程度上消除专家个人偏好对结果产生影响，体现群体决策的特点。

（1）专家打分：按照层次分析法要求，设计专家咨询表，要求专家就子层要素对父层的贡献程度做出要素间的两两判断，专家咨询表选择和评估领域相关专家发放，要求署名完成。根据专家咨询表的填写结果，形成评估需要的判断矩阵，计算这些判断矩阵的特征值并进行一致性检验。基本通过一致性检验的专家咨询表作为有效咨询表进入多准则群体决策模型。计算公式如下所示：

$$CR = \frac{CI}{RI} \qquad （式5.1–6）$$

$$CI = \frac{\lambda_{max} - n}{n-1} \qquad （式5.1–7）$$

$$RI = \frac{\lambda'_{max} - n}{n-1} \qquad （式5.1–8）$$

式中：CI——判断矩阵的一致性指标；

RI——平均随机一致性指标（可由表5.1–1查询得到）；

CR——一致性比例；

λ_{max}——最大特征值；

λ'_{max}——最大特征值的平均值；

n——矩阵阶数。

当$CR<0.10$时，认为判断矩阵的一致性是可以接受的，否则应对判断矩阵做适当修正，并需要重新做一致性检验，基本通过一致性检验的专家咨询表作为有效咨询表进入多准则群体决策模型。

表 5.1–1　矩阵阶数 *n* 不同时对应的 *RI* 值

n	1	2	3	4	5	6	7	8	9	10	11	12	13	14	15
RI	0	0	0.58	0.9	1.12	1.24	1.32	1.41	1.45	1.49	1.51	1.54	1.56	1.57	1.59

（2）基于聚类分析方法构造判断矩阵：系统聚类法的原理是通过计算各个向量之间的距离，将距离相近的向量进行合并，最后通过选定的阈值来确定分类的一种数值分析方法。将每一位专家的评判结果看作是一个向量，向量之间的一致性程度越高，说明两专家在比较判断时的相似性越大，当一致性程度达到一定水平时，就可将这两个专家

归为一类。根据系统聚类法的原理可知，同一类专家的评价信息具有极大的相似性，从而可认为同一类专家对评价结果具有近似相同的权重；反之，属于不同类的专家对评价结果就具有不同的权重。对于不同的类，包含专家较多的类中，其专家的评价信息代表了大多数专家的意见，因而对其赋予较大的权重系数；反之，对专家数较少的类中的专家赋予较小的权重系数。

假设对k位专家进行系统聚类分析后，第i位专家所在的类中包含有Ψ_i位专家，设第i位专家的权重为a_i，a_i与Ψ_i成正比。由式$\sum_{i=1}^{n} a_i=1$和式$a_1:a_2:\cdots:a_k=\Psi_1:\Psi_2:\cdots:\Psi_k$，可得第$i$位专家的权重系数，通过权重系数$\alpha_i$对每一因素权重进行加权得到权重值。计算公式如下所示：

$$W_l=\sum_{i=1}^{k}\left(a_i\cdot W_l^{(i)}\right) \quad （式5.1-9）$$

$$a_i=\frac{\Psi_i}{\sum_{i=1}^{k}\Psi_j} \quad （式5.1-10）$$

式中：W_l——评估指标体系第l层的权重值；

a_i——第i位专家的权重系数；

$W_l^{(i)}$——各位专家同一层次判断矩阵得到的特征向量；

Ψ_i——第i位专家所在类别的专家数量；

Ψ_j——系统聚类分析后专家类别数量；

k——参与打分的专家数量。

5.1.3 数据预处理

鉴于评估指标体系中的原始指标在数量级和单位之间存在差异，难以科学合理地进行计算比较，而采用极差标准法对数据进行无量纲处理，消除因原始指标量纲不同对评价结果造成的影响。数据标准化的计算公式如下所示：

$$正向指标：X_{ij}=\frac{x_{ij}-\min(x_{ij})}{\max(x_{ij})-\min(x_{ij})} \quad （式5.1-11）$$

$$负向指标：X_{ij}=\frac{\max(x_{ij})-x_{ij}}{\max(x_{ij})-\min(x_{ij})} \quad （式5.1-12）$$

式中：X_{ij}——标准化处理后的值；

x_{ij}——评估指标的初始值，i表示饮用水源区，取1、2、…、m，j表示评估指标，取1、2、…、n；

$\max(x_{ij})$——各评估指标的最大值；

$\min(x_{ij})$——各评估指标的最小值。

受极差标准化处理影响，熵值法过程极差标准化必有数值0和1，但数据处理过程中需要使用对数，为减小误差，需对标准化数据进行平移[135]。计算公式如下所示：

$$X'_{ij}=X_{ij}\times 0.99+0.01 \quad （式5.1-13）$$

式中：X'_{ij}为标准化数据平移后的值。

5.1.4　基本计算方法

加权几何平均值是比加权算术平均值更优的运算方式，模型选择加权的几何平均值法作为模型的基本算法。

（1）准则层计算方法如下：

$$A_i=\prod^{n}_{i=1}\left(X^{W_j}_{ij}\right) \quad \text{（式5.1-14）}$$

式中：A_i——第i个准则层（经济发展、社会效益、环境状况、生态状况、资源支撑能力、环境管理状况）计算结果；

X_{ij}——第i个准则的第j个指标；

w_j——第j个指标的权重值。

（2）目标层即扶持补助办法实施绩效计算方法如下：

$$V=\prod^{n}_{i=1}\left(X^{W_j}_{ij}\right) \quad \text{（式5.1-15）}$$

式中：V——扶持补助办法实施绩效；

A_i——第i个准则的值；

w_i——第i个准则的权重值。

5.2　绩效评估方案及评估等级确定

5.2.1　评估方案制定

以评估指标类别参数为基础，以加权几何平均值法作为模型计算的基本方法，结合绩效评估等级标准，分别对饮用水源区扶持补助办法实施绩效准则层（经济发展、社会效益、环境状况、生态状况、资源支撑能力、环境管理状况）、目标层（SSPI）进行评估，并分析产生差异的主要原因。

5.2.2　评估等级标准划分

饮用水源区扶持补助办法实施绩效评估以扶持补助绩效指数（SSPI）作为最终结果，对其进行分级能够明确各饮用水源区所处的水平，为保障扶持补助办法实施提供直接的评估依据。依据已有研究成果，参考《集中式饮用水水源地环境保护状况评估技术规范》《集中式饮用水水源地规范化建设环境保护技术要求》等相关规范，确定了饮用水源区扶持补助办法实施绩效评估的分级标准。结合准则层—指标层权重系数，对准则层（经济发展、社会效益、环境状况、生态状况、资源支撑能力、环境管理状况）分级标准进行计算。

表 5.2–1　扶持补助办法实施绩效指数分级标准

绩效指数（SSPI）	评估结果
SSPI≥0.9	优秀
0.75≤SSPI＜0.9	良好
0.6≤SSPI＜0.75	一般
0.5≤SSPI＜0.6	差
＜0.5	很差

表 5.2–2　扶持补助办法实施绩效评估准则层分级标准

评估结果	经济发展	社会效益	环境状况	生态状况	资源支撑能力	环境管理状况
优秀	＞1	＞1	＞1	＞1	＞1	＞1
良好	0.72~1	0.64~1	0.63~1	0.72~1	0.56~1	0.56~1
一般	0.55~0.72	0.45~0.64	0.43~0.63	0.55~0.72	0.36~0.56	0.36~0.56
差	0.43~0.55	0.34~0.45	0.29~0.43	0.43~0.55	0.25~0.36	0.25~0.36
很差	＜0.43	＜0.34	＜0.29	＜0.43	＜0.25	＜0.25

5.3　绩效评估指标体系构建

5.3.1　指标体系确定原则

5.3.1.1　科学性原则

评估指标体系的构建需具有一定的科学性，评价指标的构成应以理论分析为基础，选择的指标应当能够较为客观准确地反映出补偿政策的实际作用及政策带来的效益。这些指标同样应当能够构成一个内部相互联系的有机的整体，对于所构建出来的指标体系的研究方法以及资料、数据的收集同样也都需要具备有一定的科学依据[86]。

5.3.1.2　系统性原则

评估指标体系应当表现出显著的系统性特征，需要以系统的思想为根据，明确出在指标体系之中的每一个指标相互之间的关系以及每一个指标与外部的联系。根据这些相互关系来进行有效的构建，从而能够形成一个具备明确的目标、具备层次分明而且指标之间能够合理地相互衔接的有机整体，这个有机整体还要具有开放及互动的特点。

5.3.1.3　典型性原则

由于内容的广泛性与复杂性，绩效评估指标体系不可能做到面面俱到，绩效评估评价指标应当既能够反映出该补充效益具有的内在的本质特征，同时这些补偿绩效评估的指标还需要保持特定的独立性，确保客观准确地体现出评估的内容。这些指标往往是经过加工处理后的，指标体系内容简单、明了与准确并具有代表性，通常以人均、百分比、增长率、效益等表示，能全面综合地反映指标体系的各种要素。

5.3.1.4　可操作性原则

在进行实际的生态补偿绩效评估时，数据的可获得性是最主要的限制因素。因此在构建绩效评估的指标体系时，不仅仅需要每一项指标的含义都应简单明了，每一项指标都具有明确的含义，更重要的是这些指标所需要的数据需要便于获取及便于计算，也就是说要考虑到绩效评估所需指标的量化难易问题，以及计算这些指标所需数据获取难易的问题，在实际应用中尽可能多利用现有经过甄别的统计数据并进行加工处理。

5.3.1.5　动态性原则

绩效评估是一个不断变化的动态过程，不只局限于过去、现状，还要着眼于未来，关注系统在未来时间和空间上的发展潜力和趋势。因此，对系统的动态变化过程进行监测评价，积累时间系列信息，并依据监测信息的分析对系统总体变化趋势进行评价和调控，这就要求评价指标及其评价标准应充分考虑动态性。

综上所述，在实际选取绩效评估的具体各项指标时，应当尽量地去选取那些具有代表性、多种用途性、可量化、动态性等这些特性的指标，最重要的是所选取的这些评估指标，应当能够从现有的统计资料以及各类文献或者研究中直接得到，或者这些所需数据能够通过对现有的一些统计资料或者研究文献进行一定的整理，从而能够间接地获得。此外，绩效评估所选取指标的计算方法同样也应当予以明确，这些计算方法最好不要太过复杂，从而最终能够保证在进行实际的绩效评估过程中选择和构建出来的指标体系能够顺利建立，扶持补助绩效评估能够顺利进行。

5.3.2　评估指标体系框架

根据以上原则，评估指标体系的构建应坚持科学性、系统性、可操作性以及动态性的基本原则，所选指标需要涵盖社会、经济、生态效益等不同层面的内容。选择出的指标要具有覆盖面宽、有代表性、可获得性等优点，能全面准确地反映具体情况，并且满足数据收集与量化分析的便利性要求，即可来自于原始数据，也有的指标是对基础指标进行一定的抽象总结得到的指标。

根据《集中式饮用水水源地环境保护状况评估技术规范》（HJ 774—2015）等规范文件及相关研究成果，从经济发展、社会效益、环境状况、生态状况、资源支撑能力、环境管理状况等维度，梳理扶持补助办法实施绩效评估指标体系，为开展后续评估工作提供支撑。

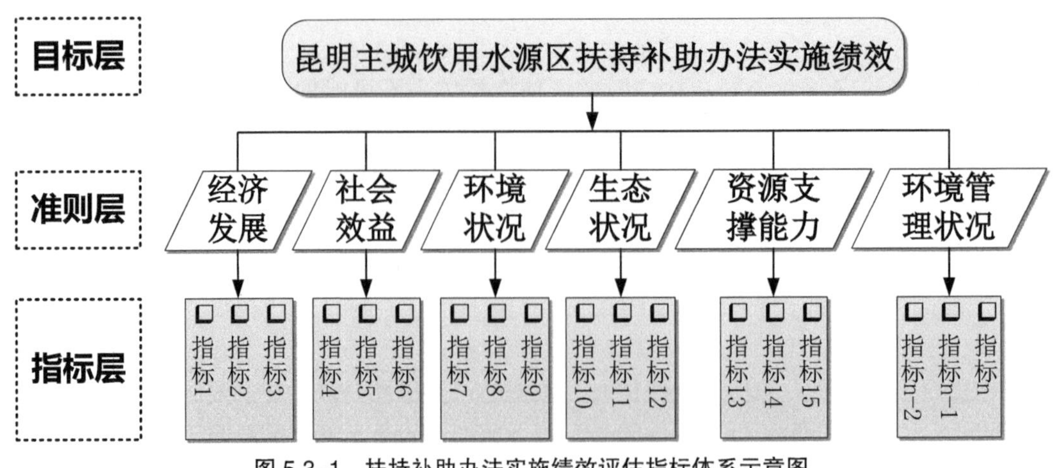

图 5.3–1　扶持补助办法实施绩效评估指标体系示意图

5.3.3　评估指标筛选

根据扶持补助办法实施绩效评估体系的构建原则和建立方法，结合各饮用水源区自然状况、社会经济发展、管理保护工作开展、扶持补助政策实施及现状调查。从经济发展、社会效益、环境状况、生态状况、资源支撑能力、环境管理状况等方面入手，对扶持补助办法实施绩效评估指标体系进行筛选。

5.3.3.1　经济发展

经济发展指标主要用于确定区域经济发展水平和经济活动强度，一般包括地区生产总值总量、人均GDP、三次产业增加值及其他国民社会经济统计的常规统计项目。结合扶持补助政策实施的主要目的及各饮用水源区实际情况，选取农村经济总收入年均增长率、农村居民人均可支配收入作为经济发展指标。

5.3.3.2　社会效益

社会效益指标主要用来反映特定区域内的社会发展水平，一般包括国民社会经济统计的常规统计项目，如人口总量、城镇化率、恩格尔系数等指标。结合本次评估主要关注扶持补助政策实施对促进当地群众生产生活的实际效果，因此选取乡村人口年均增长率、水源地农户对扶持补助政策的认知度、水源地农户对扶持补助的满意度作为社会效益指标。

5.3.3.3　环境状况

对于饮用水源区而言，不论是扶持补助政策实施还是管理保护工作开展，其最终目的都是实现水质稳定达标和水量充足，从而保障饮水安全。结合饮用水源区水质监测数据及污染排放特征，选取库区水质类别达标率、库区水质总氮达标率、水库综合营养状态指数、生活污水集中收集处理率、生活垃圾收集清运率、单位耕地面积化肥施用量作为环境状况指标。

5.3.3.4　生态状况

对于饮用水源区而言，不论是扶持补助政策实施还是管理保护工作开展，其最终目的都是实现水质稳定达标和水量充足，从而保障饮水安全。结合《全国重要饮用水水源地安全保障达标建设目标要求（试行）》及饮用水源区生态环境建设情况，选取森林覆盖率、水土流失面积占比、一级保护区陆域植被覆盖率作为生态状况指标。

5.3.3.5　资源支撑能力

对于饮用水源区而言，不论是扶持补助政策实施还是管理保护工作开展，其最终目的都是实现水质稳定达标和水量充足，从而保障饮水安全。结合《全国重要饮用水水源地安全保障达标建设目标要求（试行）》及饮用水源区生态环境建设情况，选取工程供水能力、产水模数作为资源支撑能力指标。

5.3.3.6　环境管理状况

为实现饮用水源区水质稳定达标和水量充足，管理保护工作显得尤为重要。结合《集中式饮用水水源地环境保护状况评估技术规范》及饮用水源区生态环境建设情况，选取水源保护区规范化建设、饮用水水源保护区综合治理率、监控能力、风险防控与应急能力、管理措施作为环境管理状况指标。

表 5.3–1　扶持补助办法实施绩效评估指标体系汇总表

目标层	准则层	指标层	单位	指标值来源	指标计算方法	指标选取具体依据
扶持补助办法实施绩效	经济发展	农村经济总收入年均增长率	%	现场调查、统计年鉴	（现状年/基准年）$^{1/n}$−1	扶持补助政策的综合效果
		农村居民人均可支配收入	元	同上		扶持补助政策的综合效果
	社会效益	乡村人口年均增长率	%	乡村经济统计报表	（现状年/基准年）$^{1/n}$−1	移民搬迁、教育补助的贡献
		水源地农户对扶持补助政策的认知度	%	问卷调查	政策知晓人数/调查人数	扶持补助政策宣传教育情况
		水源地农户对扶持补助的满意度	%	同上	政策满意人数/调查人数	扶持补助政策执行情况
	环境状况	库区水质类别达标率	%	2016—2019年水质监测数据	水质达到或优于水质保护目标的月份数/监测月数	扶持补助政策的综合效果

续表 5.3–1

目标层	准则层	指标层	单位	指标值来源	指标计算方法	指标选取具体依据
扶持补助办法实施绩效	环境状况	库区水质总氮达标率	%	同上	总氮数据达到或优于水质保护目标月份数/监测月数	扶持补助政策的综合效果
		水库综合营养状态指数	—	2016—2019年水质监测数据		扶持补助政策的综合效果
	环境状况	生活污水集中收集处理率	%	现场调查、“十三五”规划、安全保障达标建设实施方案等		生态治理补助、管理补助的贡献
		生活垃圾收集清运率	%	现场调查、“十三五”规划、安全保障达标建设实施方案等		生态治理补助、管理补助的贡献
		单位耕地面积化肥施用量	kg/hm^2	乡村经济统计报表、统计年鉴	化肥施用量/耕地面积	生产扶持、生态治理补助的贡献
	生态状况	森林覆盖率	%	土地利用现状分析、“十三五”规划、安全保障达标建设实施方案等		生产扶持、生活补助、生态治理补助的贡献
		水土流失面积占比	%	同上		生产扶持、生活补助、生态治理补助的贡献
		一级保护区陆域植被覆盖率	%	同上		生产扶持、生活补助、生态治理补助的贡献
	资源支撑能力	工程供水能力	%	2016—2019年供水量	工程供水能力=实际供水量/设计综合供水量	生产扶持、生活补助、生态治理补助的贡献
		产水模数	万m^3/km^2	2018年昆明市地级以上饮用水水源地环境状况评估报告	区域水资源总量/区域总面积	生产扶持、生活补助、生态治理补助的贡献
	环境管理状况	水源保护区规范化建设	%	2018年昆明市地级以上饮用水水源地环境状况评估报告	包括保护区划分、标志设置、一级保护区隔离防护，根据实际情况确定	管理补助、生产扶持的贡献

续表 5.3–1

目标层	准则层	指标层	单位	指标值来源	指标计算方法	指标选取具体依据
扶持补助办法实施绩效	环境管理状况	饮用水水源保护区综合治理率	%	同上	水源保护区内与供水设施和保护水源无关的建设项目清理（一级保护区）和整治情况（二级、准保护区）	管理补助的贡献
扶持补助办法实施绩效	环境管理状况	监控能力	%	同上	监控能力=0.7×常规监测（含委托监测）（MI）+0.3×（预警监控（WE）+视频监控（VS））/2	管理补助、生态治理补助的贡献
		风险防控与应急能力	%	同上	风险防控包括风险源名录完成率和危险化学品运输管理制度建立率；应急能力包括饮用水水源地突发环境事件应急预案编制、修订与备案，应急演练，应对重大突发环境事件的物资和技术储备，应急防护工程设施建设，应急专家库，应急监测能力6项	管理补助、生态治理补助的贡献
		管理措施	%	同上	包括水源编码、水源地档案制度、保护区定期巡查、环境状况定期评估、建立信息化管理平台和信息公开	管理补助、生态治理补助的贡献

5.4 实施绩效评估结果

5.4.1 指标层类比参数确定

根据扶持补助办法实施绩效评估体系筛选结果，结合各饮用水源区管理保护工作开展实际情况，从经济发展、社会效益、环境状况、生态状况、资源支撑能力、环境管理状况等6个方面，经统计汇总得到饮用水源区扶持补助的21个评估指标数据。

根据绩效评估计算方法，需要确定各项指标的安全等级阈值以及单项评价指标类比参数。各个单项指标及其类比参数值的确定依据主要有社会经济统计数据、《地表水环境质量标准（GB 3838—2002）》中的分级标准的水质标准值、《昆明市主城集中式饮用水水源地保护“十三五”规划纲要》、各饮用水水源地保护“十三五”规划等，通过分析和选择，最终确定各个单项指标及其类比参数值见表5.4–1。

表 5.4–1 各单项指标及其类比参数值

准则层	指标层	单位	类比参数	取值依据
经济发展	农村经济总收入年均增长率	%	3.9	平均值
	农村居民人均可支配收入	元	13016	平均值
社会效益	乡村人口年均增长率	%	0.6	人口自然增长率
	水源地农户对扶持补助政策的认知度	%	80	文献资料
	水源地农户对扶持补助的满意度	%	80	文献资料
环境状况	库区水质类别达标率	%	100	规划目标
	库区水质总氮达标率	%	60	规划目标
	水库综合营养状态指数	—	50	规划目标
	生活污水集中收集处理率	%	75	规划目标
	生活垃圾收集清运率	%	100	规划目标
	单位耕地面积化肥施用量	kg/hm^2	225	国家标准
生态状况	森林覆盖率	%	0.64	平均值
	水土流失面积占比	%	0.2	规划目标
	一级保护区陆域植被覆盖率	%	0.8	规范要求
资源支撑能力	工程供水能力	%	0.95	规划目标
	产水模数	万m^3/km^2	36.77	平均值
环境管理状况	水源保护区规范化建设	%	0.8	规范要求
	饮用水水源保护区综合治理率	%	0.8	规范要求
	监控能力	%	0.8	规范要求
	风险防控与应急能力	%	0.8	规范要求
	管理措施	%	0.8	规范要求

5.4.2 评估体系权重确定

5.4.2.1 专家打分

在综合评估过程中，采用层次分析法确定目标层—准则层、准则层—指标层的权重系数。首先，设计专家咨询表并向相关领域内专家进行发放，共回收咨询表25份，其中有效25份，限于篇幅，各专家的判断矩阵原始数据不一一列出；其次，根据25位专家的打分所得的判断矩阵，可以得到目标层—准则层、准则层—指标层所对应的各个判断矩阵最大特征值对应的特征向量，即专家打分所获得的权重，打分结果分别见表5.4–2；最后，经过计算和调整后，各个判断矩阵的随机一致性指标$CR<0.1$，说明各个判断矩阵都能通过一致性检验，即打分结果是有效的。

表 5.4–2　准则层—指标层各专家打分结果

专家编号	经济发展		社会效益			环境状况						生态状况			资源支撑能力		环境管理状况				
	农村经济总收入年均增长率	农村居民人均可支配收入	乡村人口年均增长率	水源地农户对扶持补助政策的认知度	水源地农户对扶持补助政策的满意度	库区水质类别达标率	库区水质总氮达标率	水库综合营养状态指数	生活污水集中收集处理率	生活垃圾收集清运率	单位耕地面积化肥施用量	森林覆盖率	水土流失面积占比	一级保护区陆域植被覆盖率	工程供水能力	产水模数	水源保护区规范化建设	饮用水水源保护区综合治理率	监控能力	风险防控与应急能力	管理措施
1	0.25	0.75	0.26	0.33	0.41	0.34	0.23	0.19	0.06	0.11	0.07	0.09	0.30	0.61	0.25	0.75	0.05	0.09	0.16	0.18	0.51
2	0.17	0.83	0.06	0.28	0.66	0.37	0.04	0.04	0.21	0.13	0.21	0.14	0.18	0.67	0.50	0.50	0.10	0.28	0.10	0.43	0.09
3	0.17	0.83	0.06	0.30	0.64	0.41	0.07	0.15	0.20	0.15	0.02	0.71	0.19	0.10	0.90	0.10	0.04	0.07	0.28	0.36	0.25
4	0.25	0.75	0.11	0.32	0.57	0.34	0.22	0.16	0.07	0.05	0.16	0.40	0.40	0.20	0.25	0.75	0.27	0.08	0.26	0.26	0.14
5	0.88	0.13	0.64	0.12	0.24	0.39	0.19	0.29	0.05	0.05	0.04	0.73	0.05	0.22	0.80	0.20	0.34	0.42	0.10	0.05	0.10
6	0.13	0.88	0.08	0.36	0.57	0.23	0.05	0.05	0.23	0.23	0.23	0.09	0.45	0.45	0.80	0.20	0.20	0.20	0.20	0.20	0.20
7	0.25	0.75	0.10	0.28	0.62	0.33	0.19	0.06	0.11	0.12	0.20	0.54	0.15	0.30	0.17	0.83	0.34	0.04	0.23	0.23	0.16
8	0.10	0.90	0.08	0.71	0.21	0.42	0.07	0.04	0.21	0.14	0.11	0.41	0.45	0.14	0.67	0.33	0.14	0.35	0.08	0.17	0.26
9	0.25	0.75	0.11	0.32	0.57	0.28	0.15	0.28	0.09	0.05	0.15	0.53	0.12	0.35	0.88	0.13	0.26	0.05	0.11	0.11	0.47
10	0.17	0.83	0.10	0.26	0.65	0.48	0.23	0.16	0.05	0.04	0.05	0.73	0.18	0.09	0.83	0.17	0.36	0.42	0.10	0.06	0.06
11	0.33	0.67	0.08	0.38	0.54	0.13	0.07	0.38	0.18	0.22	0.02	0.56	0.33	0.11	0.20	0.80	0.40	0.33	0.12	0.07	0.07
12	0.50	0.50	0.11	0.57	0.32	0.04	0.13	0.13	0.28	0.28	0.13	0.69	0.08	0.23	0.25	0.75	0.08	0.23	0.23	0.23	0.23
13	0.10	0.90	0.11	0.57	0.32	0.26	0.26	0.26	0.12	0.05	0.05	0.74	0.09	0.17	0.83	0.17	0.38	0.20	0.20	0.15	0.07
14	0.33	0.67	0.10	0.62	0.28	0.38	0.06	0.11	0.22	0.18	0.05	0.59	0.27	0.14	0.33	0.67	0.10	0.38	0.17	0.07	0.28
15	0.25	0.75	0.10	0.28	0.62	0.14	0.18	0.06	0.05	0.03	0.54	0.54	0.15	0.30	0.33	0.67	0.07	0.58	0.08	0.12	0.15
16	0.17	0.83	0.07	0.33	0.60	0.22	0.38	0.14	0.05	0.05	0.15	0.29	0.11	0.60	0.75	0.25	0.37	0.31	0.11	0.10	0.11
17	0.50	0.50	0.48	0.18	0.33	0.18	0.17	0.17	0.15	0.16	0.17	0.24	0.36	0.40	0.50	0.50	0.20	0.20	0.20	0.20	0.20

续表 5.4–2

专家编号	经济发展		社会效益			环境状况						生态状况			资源支撑能力		环境管理状况				
	农村经济总收入年均增长率	农村居民人均可支配收入	乡村人口年均增长率	水源地农户对扶持补助政策的认知度	水源地农户对扶持补助政策的满意度	库区水质类别达标率	库区水质总氮达标率	水库综合营养状态指数	生活污水集中收集处理率	生活垃圾收集清运率	单位耕地面积化肥施用量	森林覆盖率	水土流失面积占比	一级保护区陆域植被覆盖率	工程供水能力	产水模数	水源保护区规范化建设	饮用水水源保护区综合治理率	监控能力	风险防控与应急能力	管理措施
18	0.25	0.75	0.13	0.27	0.60	0.15	0.36	0.20	0.09	0.06	0.13	0.25	0.50	0.25	0.33	0.67	0.24	0.16	0.20	0.20	0.19
19	0.50	0.50	0.14	0.24	0.63	0.42	0.17	0.21	0.03	0.11	0.05	0.11	0.41	0.48	0.25	0.75	0.05	0.15	0.24	0.28	0.28
20	0.25	0.75	0.10	0.28	0.62	0.07	0.07	0.07	0.21	0.21	0.37	0.54	0.15	0.30	0.25	0.75	0.10	0.05	0.21	0.21	0.44
21	0.50	0.50	0.71	0.14	0.14	0.31	0.35	0.13	0.08	0.09	0.04	0.73	0.13	0.13	0.75	0.25	0.24	0.37	0.05	0.23	0.11
22	0.50	0.50	0.40	0.40	0.20	0.18	0.17	0.19	0.18	0.13	0.15	0.33	0.33	0.33	0.75	0.25	0.29	0.30	0.13	0.13	0.14
23	0.75	0.25	0.69	0.15	0.15	0.28	0.27	0.27	0.03	0.08	0.07	0.71	0.21	0.07	0.86	0.14	0.29	0.44	0.09	0.12	0.07
24	0.17	0.83	0.11	0.32	0.57	0.30	0.30	0.14	0.05	0.09	0.11	0.32	0.11	0.57	0.33	0.67	0.16	0.31	0.16	0.06	0.31
25	0.25	0.75	0.06	0.30	0.64	0.32	0.30	0.17	0.12	0.06	0.02	0.61	0.29	0.10	0.25	0.75	0.27	0.27	0.09	0.27	0.09

表 5.4–3　目标层　准则层各专家打分结果

专家编号	经济发展	社会效益	环境状况	生态状况	资源支撑能力	环境管理状况
1	0.03	0.07	0.15	0.18	0.38	0.18
2	0.05	0.11	0.35	0.26	0.06	0.16
3	0.03	0.14	0.08	0.28	0.35	0.12
4	0.05	0.05	0.41	0.22	0.16	0.11
5	0.45	0.16	0.11	0.15	0.09	0.03
6	0.08	0.25	0.08	0.08	0.25	0.25
7	0.04	0.04	0.46	0.25	0.12	0.10
8	0.14	0.15	0.30	0.11	0.22	0.07
9	0.06	0.03	0.16	0.16	0.16	0.43
10	0.26	0.26	0.18	0.18	0.08	0.04
11	0.38	0.24	0.19	0.12	0.04	0.03
12	0.07	0.06	0.32	0.32	0.11	0.11
13	0.17	0.17	0.06	0.03	0.03	0.53
14	0.05	0.04	0.37	0.25	0.12	0.17
15	0.03	0.08	0.21	0.13	0.30	0.24
16	0.02	0.08	0.26	0.27	0.31	0.06

续表 5.4-3

专家编号	经济发展	社会效益	环境状况	生态状况	资源支撑能力	环境管理状况
17	0.03	0.04	0.24	0.24	0.24	0.22
18	0.06	0.06	0.21	0.37	0.16	0.14
19	0.12	0.26	0.14	0.13	0.22	0.12
20	0.12	0.12	0.24	0.24	0.24	0.06
21	0.12	0.15	0.32	0.27	0.10	0.04
22	0.25	0.14	0.14	0.14	0.16	0.16
23	0.39	0.26	0.18	0.05	0.06	0.06
24	0.08	0.15	0.32	0.32	0.05	0.09
25	0.04	0.23	0.04	0.10	0.10	0.48

5.4.2.2　权重计算

（1）聚类分析：根据各个专家的打分结果，采用多准则群体决策模型，计算出各子系统综合指标的最终权重。为了便于处理，将上述两表中的指标合并进行分析，采用SPSS软件对各专家的打分进行聚类分析，采用Ward法和欧氏距离进行统计计算，计算结果如图5.4-1所示。

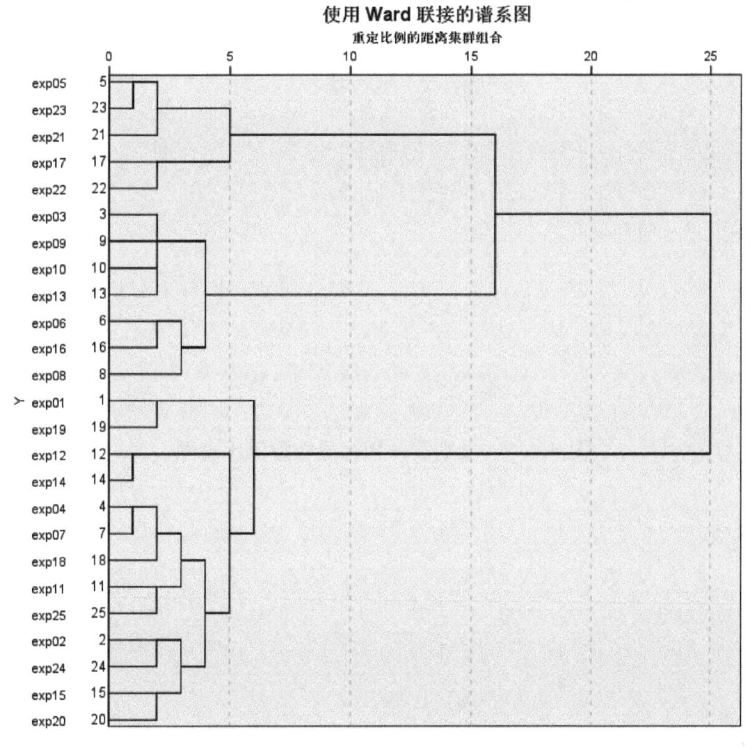

图 5.4-1　各个专家打分聚类图

根据聚类分析结果，以类间距离15为分界线较为合适，从而将25个打分专家分成3类。其中，第一类包含的专家有5人，分别为专家5、专家17、专家21、专家22和专家23；第二类包含的专家有7人，分别是专家3、专家6、专家8、专家9、专家10、专家13和专家16；第三类包含的专家有13人，分别为专家1、专家2、专家4、专家7、专家11、专家12、专家14、专家15、专家18、专家19、专家20、专家24和专家25。

（2）权重计算结果：根据评估方法，结合积累分析结果，第一类专家包括5人，各专家的权重系数为a5=a17=a21=a22=a23=5/243；第二类专家包括7人，各专家的权重系数为a3=a6=a8=a9=a10=a13=a16=7/243；第三类专家包括13人，各专家的权重系数为a1=a2=a4=a7=a11=a12=a14=a15=a18=a19=a20=a24=a25=13/243。在此基础上，结合专家打分结果，计算出目标层—准则层、准则层—指标层中各指标的权重。

从图中可以看出，在目标层—准则层层面，环境状况在扶持补助办法实施绩效评估中是最重要的。其次是生态状况、资源支撑能力、环境管理状况，而社会效益、经济发展虽然比较重要，但相对而言其权重要小于其他准则。

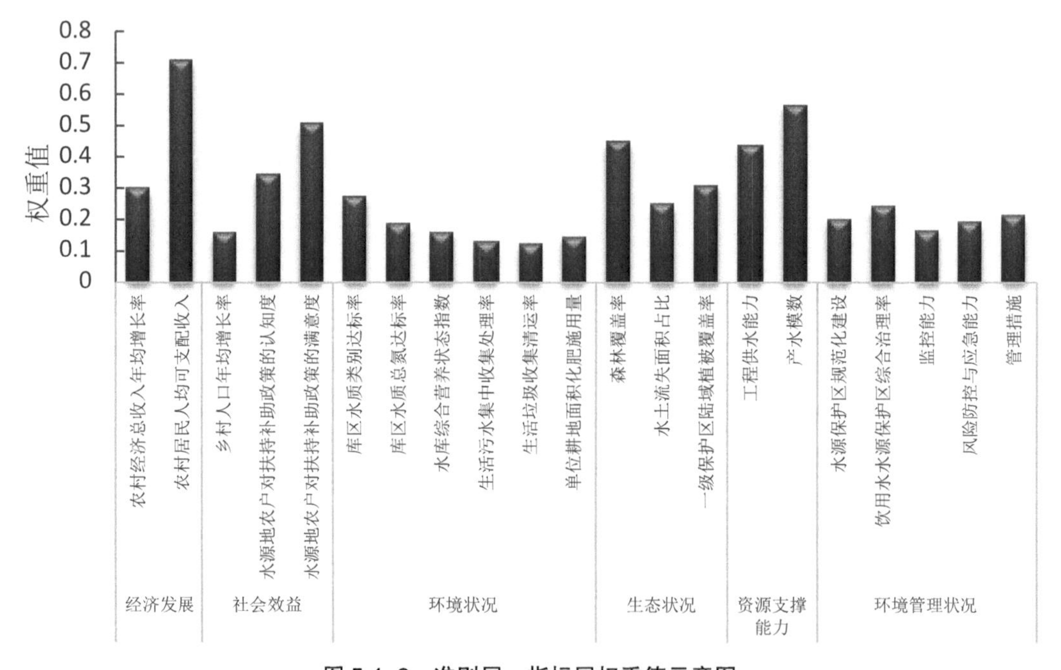

图 5.4-2　准则层—指标层权重值示意图

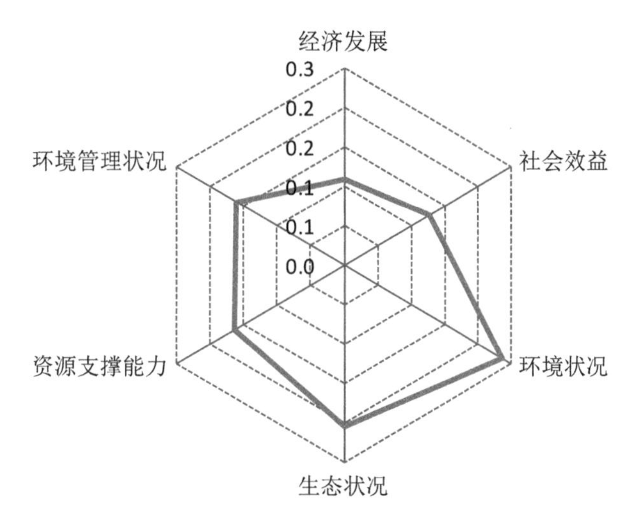

图 5.4–3　目标层—准则层权重值示意图

表 5.4–4　绩效评估群体决策权重系数表（准则层—指标层）

准则层名称	具体指标	权重值
经济发展	农村经济总收入年均增长率	0.2959
	农村居民人均可支配收入	0.7041
社会效益	乡村人口年均增长率	0.1560
	水源地农户对扶持补助政策的认知度	0.3414
	水源地农户对扶持补助政策的满意度	0.5025
环境状况	库区水质类别达标率	0.2725
	库区水质总氮达标率	0.1823
	水库综合营养状态指数	0.1568
	生活污水集中收集处理率	0.1279
	生活垃圾收集清运率	0.1193
	单位耕地面积化肥施用量	0.1410
生态状况	森林覆盖率	0.4463
	水土流失面积占比	0.2471
	一级保护区陆域植被覆盖率	0.3066
资源支撑能力	工程供水能力	0.4362
	产水模数	0.5638
环境管理状况	水源保护区规范化建设	0.1979
	饮用水水源保护区综合治理率	0.2404
	监控能力	0.1631
	风险防控与应急能力	0.1882
	管理措施	0.2104

表 5.4-5　绩效评估群体决策权重系数表（目标层—准则层）

准则层名称	权重值
经济发展	0.1082
社会效益	0.1277
环境状况	0.2362
生态状况	0.2046
资源支撑能力	0.1632
环境管理状况	0.1601

5.4.3　绩效评估结果分析

5.4.3.1　综合评估结果

根据已有研究成果和昆明市主城饮用水源区实际情况，采用层次分析法（AHP）得到了扶持补助绩效指数，并依据等级标准进行评估。评估结果显示，云龙水库扶持补助办法实施绩效指数为0.904，评估结果为优秀；松华坝水库、红坡—自卫村水库扶持补助办法实施绩效指数分别为0.846、0.759，评估结果为良好；清水海水源地、宝象河水库、大河水库、柴河水库扶持补助办法实施绩效指数分别为0.701、0.682、0.648、0.633，评估结果为一般。具体评估结果见表5.4–6。

表 5.4–6　各饮用水源区扶持补助办法实施绩效评估结果

饮用水源区名称	绩效指数（SSPI）	评估结果
松华坝水库	0.846	良好
云龙水库	0.904	优秀
清水海水源地	0.701	一般
大河水库	0.648	一般
柴河水库	0.633	一般
宝象河水库	0.682	一般
红坡—自卫村水库	0.759	良好

5.4.3.2　绩效指数—准则层相关性分析

根据评估方法，对饮用水源区扶持补助办法实施绩效评估体系准则层进行计算，得到了经济发展、社会效益、环境状况、生态状况、资源支撑能力、环境管理状况的评估指数，并依据等级标准进行相关评估。从各准则来看，各饮用水源区中以环境管理状况评估结果最好，基本呈现为优秀的水平；其次为经济发展、资源支撑能力、环境状况、生态状况，基本呈现为良好、一般的水平；而社会效益相对较差，基本呈现为一般、差的水平。

根据对扶持补助绩效指数与准则层进行相关性分析表明，环境状况与扶持补助绩效指数的相关性最大，是影响扶持补助绩效指数的主要因素；其次是社会效益、经济发展、资源支撑能力；而生态状况、环境管理状况与扶持补助绩效指数的相关性相对较小。同时，对准则层相关性分析结果表明，资源支撑能力、环境管理状况之间存在显著相关性，而经济发展、社会效益、环境状况、生态状况之间相关性较弱。

5.4.3.3　特征指标溯源分析

根据扶持补助绩效评估结果，对扶持补助绩效与指标体系进行相关性分析，试图找出影响扶持补助绩效指数（SSPI）的相关特征指标，并分析其对扶持补助绩效指数的贡献程度。相关性分析结果表明，水源地农户对扶持补助的满意度、水源保护区规范化建设、库区水质类别达标率、库区水质总氮达标率、产水模数与扶持补助绩效指数的相关性最大，并呈现显著正相关，是影响各饮用水源区扶持补助绩效指数的关键指标。

5.5　实施效果分析

5.5.1　经济发展

5.5.1.1　直接促进了饮用水源区经济发展水平提升

各饮用水源区扶持补助办法的实施，一方面是为了弥补水源保护区放弃发展机会而遭受的损失；另一方面是为了促进水质改善、实现生态环境保护，纠正环境的外部性问题。统计结果显示，近年来饮用水源区经济发展水平呈现平稳增长趋势，农村常住居民人均可支配收入年均增长10%左右；以松华坝水库、云龙水库、清水海三大饮用水源区来说，通过实施能源补助、医疗补助、学生补助及公益性岗位补贴，每年扶持补助金额折算后分别为1452元/人、920元/人、1128元/人，对于生活水平相对较低区域群众生活保障，特别是寻甸县、禄劝县等区域脱贫攻坚行动具有重要的支撑作用。

5.5.1.2　有效支撑了昆明市区域经济可持续发展

昆明市地处中国西南边陲云贵高原中部，是连接我国与南亚东南亚国家的重要枢纽城市，是中国首批历史文化名城之一，全国旅游热点城市和重要的商贸城市，西南地区的交通枢纽和重要中心城市，是云南省政治、经济、文化及交通中心。按照“量水发展、以水定城”的理念，通过实施调水工程、水库扩容、水库联调等措施，实现水资源优化配置，不断提升调蓄水能力、增加蓄水总量，持续提升供水保障能力，统筹处理好城市发展和水资源承载能力的关系，破解水资源水环境制约难题，为昆明长远可持续发展提供充足的水资源保障。良好的水资源为现代新昆明的建设提供了有力保障，随着现代新昆明的高速发展，将有效地带动滇中地区乃至全省国民经济的可持续发展，对于促进全省经济的发展具有十分重要的意义。截至2019年底，昆明市常住人口达到695万人，其中城市人口达到415万人，较2008年分别增长了11.4%、84.4%；地区生产总值（GDP）达到6475.88亿元，较2008年增长了3倍。

5.5.2 社会效益

5.5.2.1 饮用水源区居民生态环境保护意识日益显著

近年来，各饮用水源区进一步健全信息发布机制，充分利用报纸、广播、电视、网络、微信等渠道，定期向公众发布饮用水水源地水量水质状况及保护信息，维护公众知情权；通过定期开展丰富多样的水源保护宣传活动，加强生态环境保护法律法规、管理制度的宣传，增强了居民的水源保护意识。目前，饮用水源区居民对扶持补助工作的知晓率达到96.35%，对扶持补助工作的满意度不断提高，对自觉参与生态环境保护的意识不断增强，并逐步形成全社会共同参与生态环境保护的良好氛围。

5.5.2.2 饮用水源区居民获得感、参与性不断增强

近年来，通过饮用水源区生态环境保护宣传教育、农村环境综合整治、扶持补助办法实施等工作的开展，饮用水源区生态环境质量、社会经济发展水平持续改善，水源区居民群众真正体会到实实在在的获得感、幸福感。被调查对象普遍认为饮用水源区生活污水乱排现象减少、生活垃圾乱堆现象减少、生活垃圾焚烧现象减少、粪便乱堆乱排现象减少、农田秸秆堆积现象减少、绿化及生态环境质量变好。同时，饮用水源区居民对良好生态环境及绿色发展理念的认同感不断增强，由“要我保护”转变为“我要保护”，并逐步形成自觉参与到污染治理设施管理、违法行为监督、义务宣传中去。

5.5.3 环境状况

5.5.3.1 饮用水水源地水质状况稳中向好

近年来，各饮用水水源地库区水质呈现明显变化，根据监测数据统计结果，除大河、柴河水库部分年份水质未达到水质保护目标要求外，其他饮用水水源地库区水质总体稳定，未发现特定及特征污染指标污染情况，基本能够满足水质保护目标要求，但综合污染指数存在年际间波动变化态势。同时，总氮作为单独评价指标，各饮用水水源地总氮月均值超标现象较为普遍，这与各饮用水水源地大量农田种植引起的面源污染密不可分，需要引起高度重视。此外，对高锰酸盐指数、氨氮、总磷、总氮作为主要指标进行分析结果表明，2010—2019年，4项指标总体呈现“先升后降、总体降低”的变化趋势，其中在2012年前后达到峰值，这与2012年多年连续干旱结束后各饮用水水源地蓄水有一定关系。

表 5.5–1　各饮用水源区库区水质变化情况

年份	松华坝水库	云龙水库	清水海水源地	大河水库	柴河水库	宝象河水库	红坡一自卫村水库
2010年	Ⅲ类	Ⅱ类	/	/	Ⅳ类	Ⅲ类	Ⅳ类
2011年	Ⅱ类	Ⅱ类	/	Ⅲ类	Ⅳ类	Ⅲ类	Ⅲ类
2012年	Ⅱ类	Ⅲ类	Ⅱ类	Ⅴ类	Ⅴ类	Ⅳ类	Ⅲ类
2013年	Ⅱ类	Ⅱ类	Ⅱ类	Ⅳ类	Ⅴ类	Ⅲ类	Ⅲ类
2014年	Ⅱ类	Ⅱ类	Ⅱ类	Ⅲ类	Ⅲ类	Ⅲ类	Ⅲ类
2015年	Ⅱ类	Ⅱ类	Ⅱ类	Ⅱ类	Ⅲ类	Ⅱ类	Ⅱ类
2016年	Ⅱ类	Ⅱ类	Ⅰ类	Ⅲ类	Ⅳ类	Ⅱ类	Ⅱ类
2017年	Ⅱ类	Ⅱ类	Ⅱ类	Ⅲ类	Ⅲ类	Ⅱ类	Ⅱ类
2018年	Ⅱ类	Ⅱ类	Ⅱ类	Ⅲ类	Ⅲ类	Ⅱ类	Ⅱ类
2019年	Ⅱ类	Ⅱ类	Ⅱ类	Ⅲ类	Ⅳ类	Ⅱ类	Ⅱ类
水质保护目标	Ⅱ类	Ⅱ类	Ⅱ类	Ⅱ类	Ⅱ类	Ⅱ类	Ⅲ类

5.5.3.2　饮用水水源地营养状态保持稳定

根据监测数据统计结果，除大河、柴河水库部分年份呈现轻度富营养状态外，其他饮用水水源地库区营养状态基本为中营养，总体保持稳定。从年际间变化趋势来看，2010—2019年营养状态指数总体呈现“先升后降、总体稳定”的变化趋势，其中在2012年前后达到峰值，这与2012年前后库区水质各指标浓度较高的趋势一致。值得注意的是，进入“十三五”以后，饮用水水源地库区营养状态基本呈现为中营养，这与近年来各饮用水水源地加大保护力度有很大关系。

表 5.5–2　各饮用水源区库区营养状态变化情况

年份	松华坝水库	云龙水库	清水海水源地	大河水库	柴河水库	宝象河水库	红坡一自卫村水库
2010年	中营养	中营养	/	/	轻度富营养	中营养	中营养
2011年	中营养	中营养	/	中营养	轻度富营养	中营养	中营养
2012年	中营养	中营养	贫营养	中度富营养	轻度富营养	轻度富营养	中营养
2013年	中营养	中营养	中营养	轻度富营养	轻度富营养	中营养	中营养
2014年	中营养	中营养	贫营养	中营养	中营养	中营养	中营养
2015年	中营养	中营养	中营养	中营养	中营养	中营养	中营养
2016年	中营养	中营养	贫营养	中营养	中营养	中营养	中营养
2017年	中营养	中营养	中营养	中营养	中营养	中营养	中营养
2018年	中营养	中营养	中营养	中营养	中营养	中营养	中营养
2019年	中营养	中营养	贫营养	中营养	轻度富营养	中营养	中营养

5.5.3.3　饮用水源区污染防控能力得到大幅提升

以“清洁水源、清洁田园、清洁家园”的社会主义新农村为目标，按照“连片整治、突出重点、分步实施”的原则，各饮用水源区着重开展以集镇村庄垃圾、污水收集处理设施为主的“两污”工程，加快推进农村环境综合整治，逐步提升城乡人居环境。根据统计，目前已在云龙水库、松华坝水库分别建成滇源、阿子营、撒营盘、云龙4座集镇污水处理厂；建成村庄污水处理站（含一体化处理设施）102套，氧化塘、“三池”、湿地等简易污水处理设施266套，已建立完善水源保护区“组保洁、村（社区）收集、乡（镇）街道转运、水源区外处置”的垃圾集中收运处置联动机制。根据测算，昆明市主城饮用水源区集镇污水收集处理率在75%以上，村庄污水收集处理率在40%左右，垃圾收集转运率在90%以上。

5.5.4　生态状况

5.5.4.1　森林覆盖率稳步提升

近年来特别是进入“十三五”以后，按照“涵养水源、保持水土、恢复生态”的思路，在一级、二级保护区大力开展水源地“农改林”、退耕还林、植树造林、湿地建设、小流域治理等生态工程，各饮用水源区已实施退耕还林11.89万亩、“农改林”7.01万亩、水源涵养林3.50万亩，建成周达、铁冲、双玉、老坝、鼠街、板桥河、西拉龙等10余个生态清洁型小流域，逐步构筑起了“生态修复、生态治理、生态保护”三道防线，饮用水源区森林覆盖率得到提高。根据统计，红坡—自卫村、宝象河水库、云龙水库、松华坝水库、大河水库森林覆盖率较高，分别达到81.5%、76.3%、69.0%、66.9%、61.1%；而柴河水库、清水海水源地森林覆盖率相对较低，分别为51.6%、41.8%。

5.5.4.2　水土流失治理工程稳步推进

“十三五”期间，各饮用水源区采用植物防护措施、小型水利水保工程措施、辅助措施和生态修复等措施，实施水土流失综合治理，有效减少饮用水源区范围内水土流失面积占比。以清水海水源地为例，寻甸县以生态清洁型小流域建设为契机，将水源保护区内25°以上的坡耕地及易造成水土流失或石漠化的耕地，有计划地停止耕种，因地制宜地造林种草，逐步提高植被覆盖率，有效减少水土流失面积。

5.5.5　资源支撑能力

5.5.5.1　充分保障了城市饮水安全

供水安全是重大民生工作，事关城市长远发展，自20世纪80年代末开始，昆明市先后在滇池流域实施了松华坝水库加固扩建、“2258”引水工程，在滇池流域外实施了掌鸠河引水、清水海引水工程，形成了“七库一站”（以云龙、松华坝、清水海3个大型水库为主，大河、柴河、宝象河3个中型、自卫村小型水库及天生桥抽水站为辅）以及“牛栏江—滇池”补水工程作为后备应急水源的供水格局。根据统计，2008—2019年期间，“七库一站”累计向昆明主城供水44.0亿m^3，“牛栏江—滇池”补水工程（自2013年12月28日通水试运行）累计向城市供水1.5亿m^3，昆明主城区的供水保障率得到较大程度提升。

5.5.5.2 水源涵养能力逐步增强

昆明市位于云贵高原中部，地处长江、珠江、红河三大流域分水岭地带，自古享有“春城”美誉。但受地理、气候等因素影响，昆明市水资源较为匮乏，多年平均水资源总量62.02亿m^3，人均水资源量仅914m^3，滇池流域人均水资源量不足200m^3，仅为全国人均水资源量的10%。近年来，通过提高饮用水源区森林覆盖率，产水模数不断提升，水源涵养能力逐步增强。

5.5.6 环境管理状况

5.5.6.1 水源保护区规范化建设逐步完善

近年来，按照饮用水源区管理保护要求，在一级保护核心区、入库河道以及靠近村庄、路口等适宜隔离地段，全部进行物理隔离，并在物理隔离内侧进行生物隔离，目前已累计实施隔离防护417.5km。同时，不断完善水源保护区界标、界桩、交通警示牌、宣传牌等设施建设。

5.5.6.2 饮用水水源保护区综合治理率逐步开展

“十三五”期间，各饮用水源区结合移民搬迁及退耕工作，全面排查一级保护区内已经建成的与供水设施和保护水源无关的建设项目的基础信息，制定一级保护区内违法建筑物的拆除或关闭计划，并应由县级人民政府依法责令拆除或者关闭；禁止新增硬化公路建设，禁止或严格限制公路运输有毒有害物质，一级保护区内违法建筑物清除率达100%。同时，积极推进生活污水集中收集处理工作，目前大河水库、柴河水库收集处理率70%左右，松华坝水库、云龙水库、宝象河水库、红坡—自卫村水库在40%左右，清水海水源地在26%。

5.5.6.3 监控能力基本完成

“十三五”期间，各饮用水源区建立完善饮用水水源地自动在线视频监控设施，在水库大坝、放水闸及水位观测处建立视频监控点，将监控图像实时传输至监控中心，实现实时监控、远程监控、远程现场指挥、录像查询等功能。保证水源地管理部门、监测中心及相关管理部门及时直观地了解和掌握监控区域的动态情况，及时发现各类突发污染水环境、水位变化及接近水域人员等异常事（案）件。库区水文水质管理监测、快速反应与协同作战能力得以提升，实现了昆明市主城7个集中式饮用水水源地取水口和重要供水工程设施24h自动视频监控。

5.5.6.4 风险防控与应急能力逐步增强

“十三五”期间，依据《昆明市主城集中式饮用水源保护区突发水环境污染事件应急预案》，各饮用水源区完成了《突发水环境污染事件应急预案》，建立了应急预案定期修订制度。各饮用水源区针对饮用水源地突发环境事件特点，分类分级建立监测水源地水质预警实时监测体系，并配备高性能应急指挥、交通与通信工具，搭建固定应急指挥平台和移动应急指挥系统，以满足水源地应急管理需要，适时组织开展了应急演练工作，为饮用水源地应急处置提供了有力支撑。

5.5.6.5 管理措施日益完善

目前，全市已成立了盘龙区松华坝水源保护管理局、禄劝县云龙水库水源保护管理局、寻甸县清水海水源保护管理局等管理机构，晋宁区组建了饮用水水源地保护管理中心，宝象河水库、红坡—自卫村水源地县级水务部门均成立了水库管理所（处）。各管理机构设置了闸门运行、设备维护、水文观测、安全监测、信息自动化、监察巡视、后勤管理等岗位，负责维护水库的水质安全和供水设施的正常运行，开展库区汇水范围内的监管、巡视、防护等工作。同时，建立了环境状况定期评估制度，每年均编制昆明市地级以上饮用水水源地环境状况评估报告。

5.6 现状生态补偿政策存在问题与不足

5.6.1 对饮用水源区经济发展的促进作用有限

根据统计，“十三五”期间，昆明市级财政每年扶持补助资金均在20000万元以上，与“十一五”期间的每年8000万元和“十二五”期间的每年11322万元相比，扶持补助资金和覆盖范围均呈现增加趋势，对饮用水源区居民生活水平提升及生态环境保护起到了积极作用，基本保障了昆明市主城居民饮水安全。但受到区域内生产生活方式、强度和频率的限制，经济发展模式被限制在很小的范围，抑制了饮用水源区群众社会经济的快速发展，各饮用水源区农村居民人均可支配收入依然低于其所在县（区）及昆明市主城区水平，农民主要收入来源为种植业、养殖业等第一产业，经济发展水平相对较低。

5.6.2 对饮用水源区社会效益的提升作用不足

5.6.2.1 扶持补助政策覆盖范围与实际情况存在一定出入

根据《昆明市主城饮用水源区扶持补助办法》（昆政发〔2016〕61号），

“十三五”期间扶持补助范围为昆明主城7个饮用水源区内持有农村户口的居民。一是由于政策文件仅明确到村委会（社区），各饮用水源区在实际执行过程中，出现扶持补助覆盖村庄数量及人口多于水源保护区范围的情况，主要集中在松华坝水库、云龙水库的移民搬迁人口，以及清水海饮用水源区的先锋镇。二是自2013年完工并入板桥河水库及引水沟渠的恩甲村委会炮麻箐、滴毛箐、高小河3个零散水源点，因水源保护区划分、政策因素影响，仅在2013—2015年享受了水源保护相关补助，但“十三五”期间未被纳入扶持补助范围，导致该区域村民反应激烈并多次上访，甚至发生恶意破坏供水设施等极端事件。

5.6.2.2 扶持补助类别及内容亟待调整优化

根据统计结果，在云龙水库、松华坝水库、清水海三大饮用水源区中，扶持补助资金主要集中在生活补助，其占比分别为49.2%、55.1%、70.8%，间接导致松华坝水库、云龙水库饮用水源区出现人口数量机械增长、部分迁出人员回迁等逆反效应；而生态治理补助、管理补助相对较低，导致饮用水源区内生活污水、生活垃圾等污染治理设施建设进度较为滞后，已建污染治理设施运行管理难度大甚至闲置等现象，对饮用水源区生态环境持续改善的促进作用有限。同时，受资金总量、扶持补助范围、补助标准以及体制机制等因素制约，现有以民生保障为主的扶持补助政策还属于“输血型”生态补偿阶段，总体呈现扶持补助发放范围广、补助标准不合理、居民获得感低等问题，主要体现在覆盖所有群体具有普适性的能源补助标准偏低，仅为14元/人·月。此外，虽然三大饮用水源区学生补助资金投入量相对较大，但还是呈现出了学生补助覆盖范围较小、教育移民效果不明显、资金重复投入等问题。

5.6.3 饮用水源区环境状况持续改善面临较大压力

5.6.3.1 库区水质稳定达标面临一定风险

结合水质监测数据统计结果，近年来，大河水库、柴河水库等饮用水水源地水质不能稳定达标，综合污染指数存在年际间波动变化态势，部分年份水质未达到水质保护目标要求。主要污染物为化学需氧量、总磷等有机污染物；总氮作为参考指标单独评价时，除云龙水库外，其余饮用水源区库区总氮均不能稳定达到水质保护目标要求。同时，大河水库、柴河水库出现了轻度富营养、中度富营养状态，饮用水水源水质安全依然不容乐观，这也反映了水源保护区内点源、面源污染排放对水质的不利影响。

5.6.3.2 面源污染严重、综合治理措施匮乏成为水源管理与保护的难点

从现有资料分析及现场调研来看，昆明市主城7个饮用水源区依然以面源污染为主，污染物化学需氧量、总氮、总磷在总量中的占比均在85%以上，涉及农村生活、分散式畜禽养殖、农田径流、水土流失等领域。但受水源保护区范围广、人口分散、管理

人员不足、资金投入少等因素影响，针对面源污染监督管理及污染治理所采取的力度不够，使得随意开荒、顺坡耕作等农业活动频繁，农田种植的科技投入和管理水平较为落后，水土流失问题已经较为突出。同时，大部分农村地区尚未建设污水收集和处理设施，而已建成的一体化污水处理设施、氧化塘、人工湿地处理系统等污染治理设施运行管理水平低，使得农村生活、农业生产、水土流失等面源污染随意排放或随地表径流就近进入水体，给入库河道及库区水体水质造成了较大的影响。因此，在饮用水源区内降低人为活动强度、减少农药化肥使用量、降低畜牧业发展速度、控制水土流失是控制区域水环境污染的关键。

5.6.4 饮用水源区生态状况和资源支撑能力面临一定风险

5.6.4.1 水源涵养功能有待增强

近年来特别是进入“十三五”以后，按照“涵养水源、保持水土、恢复生态”的思路，在一级、二级保护区大力开展水源地“农改林”、退耕还林、植树造林、湿地建设、小流域治理等生态工程，各饮用水源区森林覆盖率得到提高，产水模数不断提升，水源涵养能力逐步增强。但同时，清水海水源地森林覆盖率依然较低（仅为41.8%），板桥河、新田河等引水区域水土流失较为严重；柴河水库饮用水源区内农田种植较为普遍，导致森林覆盖率相对较低（仅为51.6%），面源污染排放量较大。

5.6.4.2 饮用水源区水量短缺呈现加重趋势

受全球气候变化等因素影响，近年来呈现的多年连续干旱等极端天气情况使得水源地上游来水量不足，这给松华坝水库以及“2258”、掌鸠河、清水海等引水工程单纯靠天然降水的城市供水水源构成极大威胁。同时，随着区域社会经济发展和人口数量的持续增长，导致水库安全供水量严重不足，而需水量持续增长也导致湖库蓄水量过低，水源地供水水量保障面临严峻挑战。因此，受先天水资源不足、气候变化导致来水量减少、需水量持续增加等多重因素影响，导致大河水库、柴河水库等蓄水量严重不足，全市饮用水水源地水量短缺呈现加重趋势，全市饮用水源地供水安全形势不容乐观。

5.6.5 饮用水源区管理保护力度有待加强

5.6.5.1 饮用水水源地规范化建设与标准要求尚有一定差距

按照《集中式饮用水水源地规范化建设环境保护技术要求》（HJ 773—2015），饮用水水源保护区应进行保护区建设（保护区划分、标志设置、隔离防护），开展保护区综合整治（点源、非点源、流动源）、监控能力建设、风险防控与应急能力建设、其他管理措施等工作。从现有资料及现场调研情况来看，目前各饮用水源区仍存在保护区标志设立不规范，界碑、界标、警示牌、宣传牌（碑）等设立不完善，监测、监控能力不健全，管理能力薄弱，保护区及周边存在危险品运输等风险隐患，公众对水源保护意识缺乏且行为约束力较差等现实问题，给饮用水水源保护区规范化建设带来一定影响和制约。

5.6.5.2 扶持补助资金投入总量不足、分配不均矛盾较为突出

“十三五”期间，在昆明主城饮用水源区中，松华坝水库、云龙水库、清水海扶持补助资金占比较大，分别达到59.14%、21.96%、16.82%，合计占比达97.92%；而大河水库、柴河水库、宝象河水库、红坡—自卫村水库饮用水源区仅获得了管理补助。根据资料分析及现场调研结果来看，各饮用水源区普遍反映扶持补助资金明显不足，难以开展正常的水源保护与管理工作。在松华坝水库、云龙水库、清水海三大饮用水源区中，由于扶持补助政策实施时间问题，导致松华坝水库单项补偿标准（如“农改林”、教育补助等）均要高于云龙水库、清水海，“不患寡而患不均”的社会心理较为普遍。同时，大河水库、柴河水库、宝象河水库、红坡—自卫村水库4个饮用水源区仅获得管理补助，饮用水源区属地政府及群众在补助内容、金额上出现与三大饮用水源区攀比、对标等现象，给饮用水源区管理工作带来了一定困难。

5.6.5.3 扶持补助政策的奖励性作用尚未显现

根据《昆明市主城饮用水源区扶持补助办法》（昆政发〔2016〕61号），扶持补助政策的主要目的是确保昆明主城饮用水源区水质优良和供水稳定，同时保障饮用水源区内群众生产生活水平。但是，受扶持补助资金总额较少和补助渠道不畅通等因素制约，除云龙水库外，饮用水源区大多数居民对扶持补助政策不太满意，普遍认为扶持补助类别少、扶持补助金额较低（如能源补助金额14元/人·月）等问题。而作为饮用水源区居民，在其赖以生存的土地资源被占用或发展方式受限时，往往单纯与饮用水源区外的周边区域进行比较，而忽略了扶持补助政策实施后对区域生态环境改善的溢出效应，在一定程度上导致了对饮用水源保护的自发性、主动性参与显著不足，甚至采取更具破坏性的生产生活方式（如侵占已建“农改林”、出租土地大规模种植三七、陡坡垦荒等），导致近年来各饮用水源区水质不能稳定达标、水质总氮普遍超标等现象发生。

5.6.5.4 扶持补助政策动态化管理还有较大的提升空间

作为一项制度安排，公平与公正是其必然追求的目标，但在现场调研中发现，由于农户家庭存在生老病死、婚丧嫁娶所导致的人口迁出与迁入引起家庭人口数量的变动，但家庭人口变动以及由此导致的产权面积不能及时更新调整，类似问题也常常导致居民的不满与争议，饮用水源区居民对政府公信度、公务人员的工作作风等问题存在顾虑和担忧。同时，在松华坝水库、柴河水库、宝象河水库等部分饮用水源区，存在已实施的

"农改林""退耕还林"区域被违规占用情况，但每年的"农改林"扶持补助依然足额正常发放，给扶持补助政策执行及生态环境保护工作都带来了一定影响。

5.6.6 扶持补助资金管理使用规范性不足

5.6.6.1 扶持补助资金筹集方式亟待完善

按照受益与补偿相结合的原则，2009年设立的昆明水源保护专项资金明确，由昆明市主城5区和3个开发（度假）园区管委会每年向市级财政上缴水源保护专项资金，专项用于饮用水源地保护和管理工作。"十三五"期间，扶持补资金来源于昆明市主城8个县区每年上缴的饮用水源生态保护专项资金（每年3000万元，共计2.4亿元）。从近年来实际运行情况来看，各县区用水总量、经济发展水平和补偿支付能力也存在差异，普遍对现有均摊式分配模式存在一定异议；而盘龙区作为水资源的供水水源和受水区域，也对上缴扶持补助资金问题进行了多次反馈。

5.6.6.2 扶持补助资金监管及考核机制尚不健全

根据"十三五"期间的年度资金审计报告，在政策执行过程中，存在部分县区专项资金未及时拨付至相关部门、已拨付专项资金滞留未使用、违反规定扩大开支范围、未按规定使用扶持补助资金等问题，未能及时发挥对饮用水源保护的积极作用。同时，对于生态补偿资金的拨付和监管方面缺乏相应的规范，尚未建立对专项资金使用情况的年度审计和跟踪监管机制。

\ 第六章 \

昆明主城饮用水源区生态补偿机制实证分析

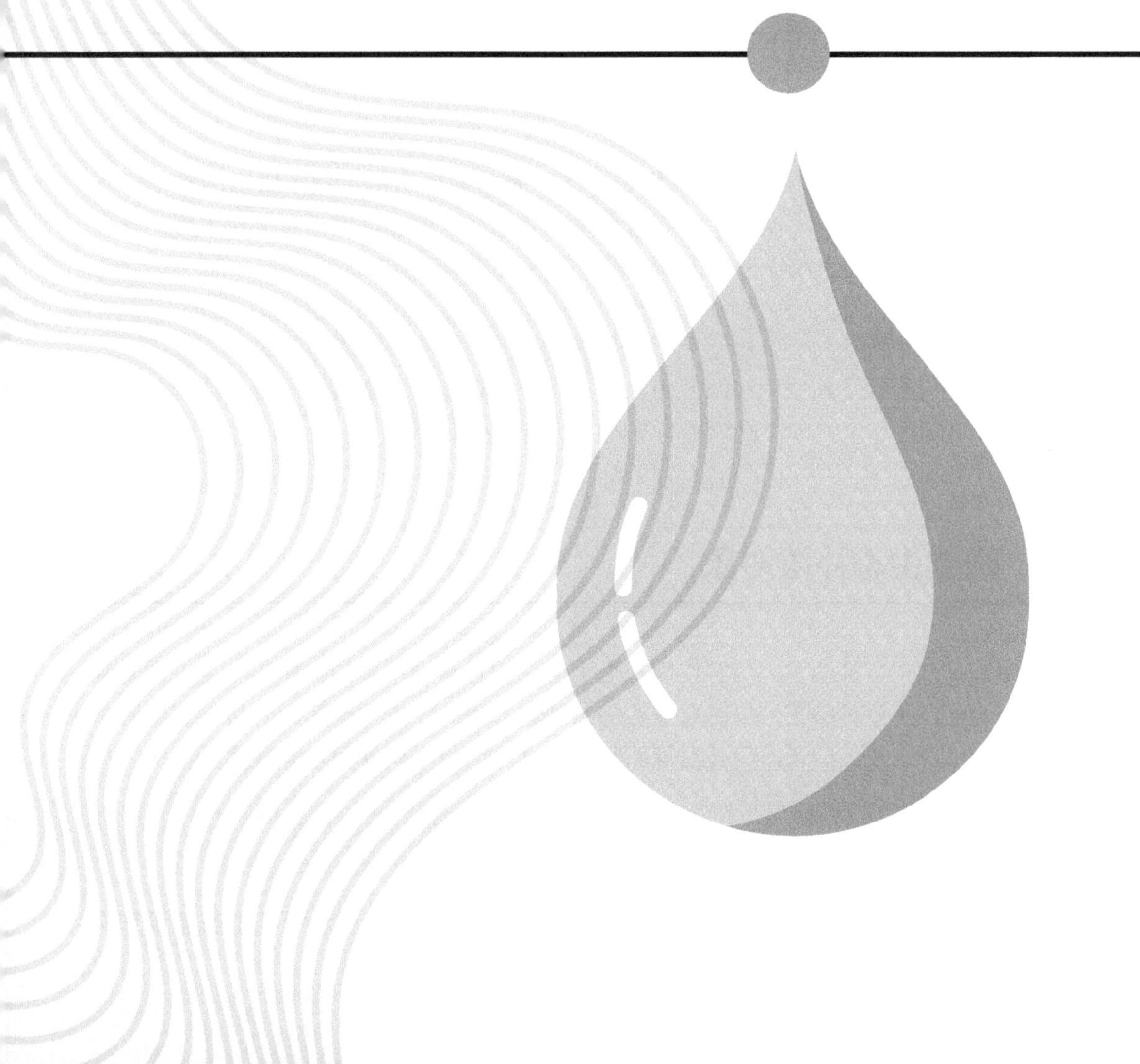

6.1 设定生态补偿目标

基于现有扶持补助政策实施成效，根据昆明主城饮用水源区保护的总体目标要求和各饮用水水源地实际情况，按照“受益者付费、保护者受益”等基本原则，对饮用水源区保护、恢复、综合治理等一系列活动进行补偿。对因保护生态环境而丧失发展机会的区域内的居民进行资金、技术、实物上的补偿和政策上的优惠，以及提供为增进环境保护意识、提高环境保护水平而进行的科研、教育费用的支出，逐步完善饮用水源区生态补偿机制。在确保昆明主城饮用水源区水质优良、供水稳定及主城饮用水源安全的同时，有效保障主城饮用水源区群众生产生活，最终实现生态资源与人类社会的协调可持续发展。

6.2 界定生态补偿范围

6.2.1 空间范围

生态补偿空间范围为昆明主城饮用水源区，是指向昆明市主城区供水的松华坝水库、云龙水库、清水海、大河水库、柴河水库、宝象河水库和红坡—自卫村水库（含大坝水库）所在的饮用水水源保护区，以及输水工程调节水库所在区域。

6.2.2 内容范围

生态补偿内容除了各饮用水源区的水资源供应，还应包含调蓄洪水、气体调节、土壤保持、环境净化和生物多样性维持等不同的功能与价值。

6.3 确立生态补偿对象

在生态补偿中，补偿主体与客体应根据生态保护过程中承担的责任和利益关系来确定，但可能存在补偿对象既是主体又是客体的现象。因此，依据破坏者付费、使用者付费、受益者付费以及保护者得到补偿等原则，结合昆明市主城饮用水源区实际情况，进一步明确生态补偿的主体与客体。

6.3.1 生态补偿主体

生态补偿的主体，即“谁补偿”的问题，理论上是指因饮用水源区生态建设和保

护所受益的各类群体。因此，饮用水源区生态服务功能的受益群体，即饮用水源区沿线上、下游地区的政府机关单位、农牧业主、工业企业主、城乡居民、水利开发项目者和水产养殖者等，应对饮用水源区生态建设和保护成本给予相应的补偿。然而，真正的受益对象往往很难被精确地划定，在现有的饮用水源区生态补偿实践中，常以饮用水源区供水地区的政府作为生态补偿主体，承担饮用水源区生态补偿相关责任。

6.3.2　生态补偿客体

生态补偿的客体，即“补偿谁”的问题，一般是指为确保水资源可持续利用作出贡献或牺牲的所有生态建设和保护者，一般包括饮用水源区的政府、居民等。他们通常是饮用水源区的生态建设和保护最直接的执行者，其在相关政策的指引下，实行退耕还林、封山育林、水污染治理等措施，保持饮用水源区水土、防止水资源质量下降和生态环境恶化，为饮用水源区的持续健康发展投入了相当大的人力和物力资本。同时，受限于饮用水源区的特殊地理位置，在国家严格法律的约束之下，饮用水源区工农业发展的权利已部分或完全丧失，经济落后现象较为普遍，因此应对从事饮用水源区生态建设和保护的行为主体给予经济补偿。与补偿主体相类似，由于真正的饮用水源区生态建设和保护主体较为分散，难以准确判别，现阶段往往由饮用水源区政府作为代表接受生态补偿资金，进行饮用水源区生态环境建设和保护工作。

6.4　选择生态补偿模式

6.4.1　初期阶段（2005—2015年）

2005—2010年，昆明市先后制定出台了《昆明市松华坝水源保护区生产生活补助办法（试行）》（昆政通〔2005〕39号）、《昆明市云龙水库水源区群众生产生活补助办法》（昆政办〔2008〕13号），从退耕还林、平衡施肥、清洁能源使用、学生就读、医疗清洁能源、护林保洁等方面对饮用水源区进行生态扶持补偿。

2011—2015年，整合出台了《昆明市松华坝、云龙水源保护区扶持补助办法》（昆政发〔2011〕56号），以保护生态环境和促进农民增收为重点，引入了水质和补助资金挂钩制度，完善了管理考核办法。制定出台了《昆明市清水海水源保护区扶持补助办法》（昆政发〔2013〕31号），将清水海饮用水源区群众纳入全市生态补偿机制体系之内，相应增加了“农改林”、产业结构调整、劳动力转移技能培训、生态环境建设项目补助等扶持补助类别；陆续出台了《关于促进主城区集中式饮用水源保护区居民转移进城的实施意见》（昆办发〔2014〕8号）、《昆明市促进市级重点水源区农村劳动力转移就业实施方案》（昆政办〔2015〕102号）。通过优先就业、优惠就学、优待养老等“柔性移民”方式，加快水源保护区居民平稳有序向主城区、开发区、县城、乡镇（街道）转移，同步推进饮用水源区生态保护和民生改善。

6.4.2 发展阶段（2016—2030年）

在前期扶持补助工作基础上，于2016年制定出台了《昆明市主城饮用水源区扶持补助办法》（昆政发〔2016〕61号），将覆盖范围涵盖昆明市主城7个集中式饮用水水源地。补助内容涉及退耕还林、“农改林”、产业结构调整、劳动力转移技能培训、生态环境建设项目、就学、能源、医疗、护林保洁、监督管理等方面，为饮用水源区供水安全及区域社会经济发展提供了重要支撑。

为进一步提升主城饮用水源区扶持补助资金的使用效益，客观评价昆明市主城饮用水源区扶持补助工作实施过程取得的成效和存在的问题，逐步完善饮用水源区生态补偿机制，基于前期开展的基础调查和绩效评估成果，于2021年制定出台了《昆明市主城饮用水源区扶持补助办法（2021—2025年）》（昆政发〔2021〕19号）。范围覆盖昆明市主城7个集中式饮用水水源地，补助内容涉及市级定额补助（民生保障补助、生态环境治理设施建设运行补助、管理补助、一次性户籍迁出奖励）、市级动态补助（急需开展的主城饮用水源保护治理项目、应急处置等）、县（市）以投代补（以建设、完善基础设施或资金投入的方式对主城饮用水源区实施补助）等方面。并加强了年度考核及结果应用、资金管理等内容，不断完善主城饮用水源区生态保护补偿机制。

2026—2030年，昆明市应在以往扶持补助工作基础上，将水资源费、排污费等财政收入转移支付与财政专项补助、税费优惠、以投代补等方式进行有机融合，侧重于产业补偿、智力补偿、经济合作等。逐步变“输血型”补偿为“造血型”补偿，变“赔偿型”补偿为“开发型”补偿，使饮用水源区从根本上摆脱发展机会受限的难题。

6.4.3 成熟阶段（2030年以后）

经过近30年的发展与实践，昆明主城饮用水源区的扶持补助工作将逐渐成熟。但随着我国生态补偿工作要求的不断提高，仅靠政府部门主导的生态补偿存在诸多弊端，建立高效、可持续的市场补偿机制势在必行，这也是推动生态补偿机制不断完善的关键所在。

因此，应在及时总结扶持补助工作成效基础上，依托水权、碳汇、碳排放权等交易市场以及生态产品价值实现机制，充分利用市场机制和多渠道的融资体系，吸引更多经济主体参与到生态补偿机制的建设过程中来，丰富生态补偿的资金，提升生态补偿的运转效率。同时，灵活运用政府的宏观调控能力，逐步建立符合区域实际情况、切实可行的生态补偿方案，以实现饮用水源区生态环境保护与社会经济的协调、可持续发展。

6.4.4 小结

综上所述，综合考虑昆明市饮用水源区水质稳定达标情况、社会经济发展程度、产业结构调整进度和行为方式等情况，按照“分期、分类”原则，建立适合区域发展的多元化、差异化的补偿模式，探索开展综合性生态补偿方式。其中，初期阶段主要采用

“输血型”的补偿方式，加大资金补偿力度，提升饮用水源区居民生态环境保护热情和与政府之间的信任度，同时注重政策补偿和基础设施建设力度，为生态补偿政策实施打好基础。在发展阶段，应将资金补偿维持在合理的区间，加大政策补偿和基础设施建设，加大人才培训，大力推进饮用水源区生态产品供给产业和项目发展，快速提升饮用水源区优质生态产品供给能力。进入到成熟阶段，随着生态产品价值实现机制研究和政策实施顺利推进，“输血型”的资金补偿方式应逐步减少，与受水区加大沟通协作和技术交流的同时，更多地运用市场化手段实现水源地经济发展和水源保护的和谐发展。

6.5　确定生态补偿标准

根据国内外生态补偿标准测算方法的适用条件和优缺点、测算结果的科学性、可靠性以及补偿主体的接受程度，综合考虑昆明市主城区饮用水源区实际情况，选取总成本修正模型、生态系统服务功能价值法进行生态补偿资金核算。

6.5.1　总成本修正模型

6.5.1.1　核算方法

根据相关研究成果，将现行以保障民生为主的“输血型补偿”，向居民生活水平稳定提升、污染治理设施稳定运行、生态系统服务功能稳定发挥的“造血型补偿”转变。综合考虑机会成本法、费用分析法、资源价值法，构建相对合理、操作性较强的生态补偿资金补偿模型，建立包含饮用水源区限制性生产补偿、生态环境建设支出补偿、水资源价值补偿的总成本修正模型。

（1）饮用水源区限制性生产补偿

为保证受水区饮水安全，饮用水源区内经济发展方式受限，其中第二、第三产业禁止发展，第一产业限制发展，对饮用水源区内居民收入、财政收入产生的影响最大。为此，利用机会成本法建立水源保护区限制性生产补偿模型，并引入调整系数，能较为准确地体现饮用水源区保护行为对该地区经济发展造成的影响。计算公式如下所示：

$$V_v = \frac{\sum_{i=1}^{n} W_i \times P_i}{10000} \quad \text{（式6.5–1）}$$

$$P_i = \frac{(S_0 - S_i) \times r_i \times N_i}{W_s} \quad \text{（式6.5–2）}$$

$$r_i = \frac{F_i}{G_i} \quad \text{（式6.5–3）}$$

式中：V_v——饮用水源区限制性生产补偿金额，万元；

W_i——第i个饮用水源区每年向受水区的水资源供应量，m^3；

P_i——单位水资源供应量补偿金额，元/m^3；

S_0——受水区上五年平均农村常住居民人均可支配收入，元/人；

S_i——第i个饮用水源区上五年平均农村常住居民人均可支配收入，元/人；

r_i——调整系数；

N_i——第i个饮用水源区乡村人口数量，人；

W_s——第i个饮用水源区设计水资源供应量，m^3；

F_i——第i个饮用水源区上五年平均财政收入，万元；

G_i——第i个饮用水源区上五年平均GDP，万元；

n——饮用水源区数量。

（2）饮用水源区生态环境建设支出补偿

在饮用水源区内，生活污水收集处理、生活垃圾收集处置、农田径流污染防治、水源涵养林、水土保持等生态环境建设及稳定运行，对于减少水源保护区污染负荷、保障受水区饮水安全具有重要支撑作用，为此，参照费用分析法建立水源保护区生态环境建设支出补偿模型。但由于饮用水源区生态环境建设项目存在涉及部门多、区域差异性大、资金需求量大等问题，结合饮用水源区扶持补助政策实施情况及实际需求，在此仅核算饮用水源区环境治理设施及生态建设项目运行维护费用。计算公式如下所示：

$$V_s=\sum_{i=1}^{n}C_i \quad （式6.5\text{–}4）$$

式中：V_s——饮用水源区环境治理设施及生态建设项目运行维护费用，万元；

C_i——第i个饮用水源区运行维护费用（涉及污水处理、垃圾收集、农田面源控制、林地管护、生态清洁型小流域等），万元；

n——饮用水源区数量。

（3）饮用水源区水资源价值补偿

根据已有研究成果，采用替代成本法对水资源供给的直接使用价值进行测算。计算公式如下所示：

$$V_e=\sum_{i=1}^{n}W_i\times D_i \quad （式6.5\text{–}5）$$

式中：V_e——水资源价值，万元；

W_i——第i个饮用水源区水资源使用价值活动水平数据；

D_i——第i个饮用水源区水资源使用价值当量；

n——饮用水源区数量。

（4）生态补偿总额

饮用水源区生态补偿总额包括水源保护区限制性生产补偿、生态环境建设支出补偿、水资源价值补偿。计算公式如下所示：

$$V=V_v+V_s+V_e \quad （式6.5\text{–}6）$$

式中：V——饮用水源区生态补偿总金额，万元；

V_v——饮用水源区限制性生产补偿金额，万元；

V_s——饮用水源区生态环境建设支出补偿金额，万元；

V_e——饮用水源区水资源价值补偿金额，万元。

6.5.1.2　参数选取

（1）社会经济发展

根据相关成果，昆明主城饮用水源区供水范围为昆明主城区，包括五华区、盘龙区、官渡区、西山区、呈贡区、高新区、经开区、滇池度假区、空港经济区。根据模型需要，结合2015—2019年昆明市及各县（区）统计年鉴及农村经济报表，通过整理、分析得到昆明主城区及各饮用水源区的社会经济发展数据，主要包括常住人口数量、地区生产总值（GDP）、三次产业增加值、地方财政总收入、城镇常住居民人均可支配收入、农村常住居民人均可支配收入等。

表 6.5–1　昆明主城区及部分县（区）社会经济发展统计数据

县（区）	年份	人口（万人）	GDP（亿元）	地方财政总收入（亿元）	农村常住居民人均可支配收入（元）
昆明主城区	2014年	366.97	2766.85	460.16	13782.60
	2015年	369.30	3000.31	440.53	15197.60
	2016年	371.45	3260.59	407.45	16635.20
	2017年	374.58	3671.27	427.94	18142.40
	2018年	378.09	3895.15	448.93	19703.40
	均值	372.08	3318.83	437.00	16692.24
五华区	2014年	86.60	868.81	137.75	13473.00
	2015年	87.00	928.69	134.35	14824.00
	2016年	87.27	985.47	102.37	16217.00
	2017年	87.57	1082.22	114.06	17660.00
	2018年	87.92	1115.41	125.74	19215.00
	均值	87.27	996.12	122.85	16277.80
盘龙区	2014年	82.60	479.12	98.63	13543.00
	2015年	83.00	526.08	95.54	14951.00
	2016年	83.39	572.52	78.75	16386.00
	2017年	83.78	654.70	92.20	17877.00
	2018年	84.20	705.66	104.07	19398.00
	均值	83.39	587.62	93.84	16431.00

续表 6.5–1

县（区）	年份	人口（万人）	GDP（亿元）	地方财政总收入（亿元）	农村常住居民人均可支配收入（元）
西山区	2014年	77.50	416.11	88.63	13924.00
	2015年	77.90	458.21	87.73	15372.00
	2016年	78.40	501.79	98.40	16802.00
	2017年	78.90	567.09	58.11	18331.00
	2018年	79.27	600.98	58.11	19889.00
	均值	78.39	508.84	78.20	16863.60
晋宁区	2014年	29.70	105.65	20.21	10913.00
	2015年	30.00	114.18	21.06	12081.00
	2016年	30.31	117.35	22.04	13253.00
	2017年	30.64	126.86	20.54	14512.00
	2018年	30.92	135.80	20.54	15776.00
	均值	30.31	119.97	20.88	13307.00
禄劝县	2014年	40.80	68.42	8.54	5920.00
	2015年	41.10	75.00	8.79	6595.00
	2016年	41.39	81.96	9.16	7301.00
	2017年	41.42	91.19	9.16	8031.00
	2018年	41.67	95.90	9.16	8802.00
	均值	41.28	82.49	8.97	7329.80
寻甸县	2014年	46.70	72.43	13.04	6113.00
	2015年	46.80	76.08	9.60	6803.00
	2016年	47.01	82.86	6.77	7524.00
	2017年	47.22	89.89	6.80	8299.00
	2018年	47.54	90.00	6.80	9072.00
	均值	47.05	82.25	8.60	7562.20
空港经济区	2014年	87.40	834.31	111.83	14213.00
	2015年	88.20	903.88	97.09	15677.00
	2016年	88.76	1002.07	107.15	17166.00
	2017年	89.86	1140.14	142.52	18728.00
	2018年	91.39	1223.20	139.95	20376.00
	均值	89.12	1020.72	119.71	17232.00

表 6.5–2　各饮用水源区水资源及社会经济发展统计数据

饮用水源区名称	饮用水水源地设计水资源供应量（万m^3）	2016—2018年平均供水量（万m^3）	饮用水源区地方财政总收入（亿元）	饮用水源区上五年GDP均值（亿元）	调整系数（r_i）
松华坝水库	15000.00	10972.56	93.84	587.62	0.1597
云龙水库	25000.00	17549.94	8.97	82.49	0.1087
清水海水源地	11144.00	10689.86	8.60	82.25	0.1046
大河水库	1330.00	728.40	20.88	119.97	0.1740
柴河水库	2560.00	2199.39	20.88	119.97	0.1740
宝象河水库	1200.00	618.05	119.71	1020.72	0.1173
红坡一自卫村水库	1460.00	461.50	100.52	752.48	0.1336

（2）生态环境建设支出

根据部门提供的基础数据资料，结合现场信息调查、土地利用现状分析等，通过整理、分析得到各饮用水源区生态环境建设支出相关数据，主要包括生活污水收集处理设施建设及运行情况、生活垃圾收集转运系统建设及运行维护情况、林地面积、水田及旱地面积、一级保护区植被覆盖率等基础数据。同时，依据《集中式饮用水水源环境保护指南》、各饮用水水源地保护“十三五”规划、已有工程项目投资估算等数据资料，综合得到污水收集处理设施、垃圾收集转运系统、农田污染治理、水源涵养林及农改林运行维护等费用取值依据。

表 6.5–3　昆明主城各饮用水源区生态环境建设基础数据汇总表

饮用水源区名称	总人口（人）	乡村人口（人）	污水收集处理率（%）	垃圾收集转运率（%）	林地面积（km^2）	耕地面积（km^2）	旱地（km^2）	水田（km^2）
松华坝水库	87838	87133	46.2%	100.0%	400.06	155.82	128.25	27.57
云龙水库	51882	56348	37.2%	95.0%	439.71	104.17	102.45	1.72
清水海水源地	34064	30414	26.5%	88.0%	119.19	124.94	114.59	10.35
大河水库	2273	2273	67.5%	100.0%	16.58	6.80	6.57	0.23
柴河水库	13389	11952	75.2%	100.0%	50.65	27.37	14.80	12.57
宝象河水库	2463	2463	44.2%	100.0%	60.72	13.84	12.71	1.14
红坡一自卫村水库	730	730	41.7%	100.0%	13.68	1.47	1.46	0.01

注：1. 各饮用水源区总人口包含乡村人口、集镇人口。

2. 松华坝水库饮用水源区总人口包含金钟山水库 1901 人；乡村人口包含金钟山水库 1901 人、一级保护区移民搬迁人口 3181 人。

3. 云龙水库饮用水源区乡村人口包含一级保护区移民搬迁人口 7653 人。

表 6.5–4　昆明主城各饮用水源区生态环境设施运行维护费用汇总表

参数	单位	具体数值	取值依据
综合用水量	L/（人·d）	100（自来水入户，有淋浴设施、水冲厕，如城郊、集镇周边区域）；60（户内有给水龙头，无水冲厕和淋浴设施，如山区、半山区）	云南省农村生活污水治理模式及技术指南（征求意见稿）、相关研究成果
生活污水排放系数	/	0.8（污水收集治理率较高的地区）；0.6（污水收集治理率较低的地区）	同上
污水处理设施建设成本	元/m^3	6500	同上
污水处理成本	元/m^3	0.5	同上
污水处理系统其他运行管理成本	元/m^3	2.0	现有处理设施运营情况
规划年份污水收集处理率	%	75	各饮用水水源地保护“十三五”规划
生活垃圾产生量	kg/（人·d）	0.42	相关研究成果
垃圾收集转运设施建设成本	元/t	1500	已有工程项目投资估算
垃圾收集转运设施综合运行成本	元/t	1000	已有工程项目投资估算
规划年份垃圾收集转运率	%	100	各饮用水水源地保护“十三五”规划
有机农业推广试点成本	万元/亩	0.3	集中式饮用水水源环境保护指南
一级保护区植被覆盖率	%	80.00	饮用水水源地保护“十三五”规划
退耕还林成本	元/亩	300	饮用水源区实践情况
“农改林”租地成本	元/亩	1200（滇池流域）；1000（其他区域）	饮用水源区实践情况
林地管护成本	元/亩	10	相关研究成果

（3）水资源价值

根据水资源费、水利工程水价等政策文件，对水资源价值进行核算。根据《云南省发展和改革委员会关于调整昆明市主城区城市供排水价格有关问题的通知》（云发改价格〔2005〕1222号），昆明主城7个饮用水源区综合平均水资源费为0.23元/m^3。

6.5.1.3　核算结果

根据饮用水源区总成本修正模型及参数整理分析结果，核算得到昆明市主城饮用水源区生态补偿总额为38704万元。其中限制性生产补偿、生态环境建设支出补偿、水资源价值补偿占比分别为25.42%、48.89%、25.68%；人均生态补偿标准为2023元/年，单位供水量生态补偿标准为0.67元/（年·m^3）。

表 6.5–5　昆明主城饮用水源区生态补偿资金

类别	生态补偿资金（万元/年）	占比（%）	测算依据及简要说明
限制性生产补偿	9840	25.42%	①利用机会成本法核算水源保护区因限制性生产对当地居民经济发展造成的影响； ②根据饮用水源区与受水区农村常住居民人均可支配收入差值进行资金测算； ③利用各饮用水源区人口数量进行资金二次分配
生态环境建设支出补偿	18923	48.89%	①利用费用分析法核算饮用水源区环境治理设施及生态建设项目运行维护费用； ②根据饮用水源区实际情况，对污水处理、垃圾收集、农田面源控制、林地管护、生态清洁型小流域等设施运行管理费用进行核算
水资源价值补偿	9941	25.68%	利用替代成本法，根据饮用水源区实际供水量、水资源费对水资源供给直接使用价值进行资金测算
合计	38704	100%	

6.5.2　生态系统服务功能价值法

生态系统服务功能价值补偿法将生态系统本身视为市场资源，生态系统服务具有价值属性的核心，对区域内各类物品（如森林、水库等）所提供的生态服务价值进行评估以量化生态服务功能的整体价值，据以判定最终的补偿标准。根据已有研究成果，生态系统服务功能包括直接使用价值、间接使用价值，其中直接使用价值主要为食物生产、原料生产、水资源供给等，而间接使用价值包括调节服务、支持服务、文化服务等。此方法可以较为全面地衡量水源地生态保护所带来的经济价值，堪称是迄今为止生态补偿标准中最为严谨的解释方法，也是当前发达国家研究得最为深入的一种方法。

6.5.2.1　核算方法

综合来看，当量因子法具有方法简单、评估全面，且能充分考虑评估区域生态系统特点和地区特性的优势，因此，选择当量因子法作为对生态系统服务功能价值评估的基础方法。

（1）生态系统服务功能价值当量因子表

生态系统服务功能价值当量因子是指生态系统产生的生态服务的相对贡献大小的潜在能力，即以1hm^2全国平均产量的农田每年自然粮食产量的经济价值为基准值，以其他生态系统的各项生态服务相对于农田食物生产贡献的大小为依据，依此对其他各类生态系统生态服务价值进行权重赋值，进而得到其他生态系统服务价值当量因子[105，106]。中国生态系统服务功能价值当量因子表将生态服务分为4类一级服务类型，并进一步细分为11种二级服务类型，具体见下表。

表 6.5–6　中国生态系统单位面积生态系统服务价值当量

生态系统分类		生态系统服务功能										
		供给服务			调节服务				支持服务			文化服务
一级分类	二级分类	食物生产	原料生产	水资源供给	气体调节	气候调节	净化环境	水文调节	土壤保持	维持养分循环	生物多样性	美学景观
农田	旱地	0.85	0.4	0.02	0.67	0.36	0.1	0.27	1.03	0.12	0.13	0.06
	水田	1.36	0.09	–2.63	1.11	0.57	0.17	2.72	0.01	0.19	0.21	0.09
森林	针叶	0.22	0.52	0.27	1.7	5.07	1.49	3.34	2.06	0.16	1.88	0.82
	针阔混交	0.31	0.71	0.37	2.35	7.03	1.99	3.51	2.86	0.22	2.6	1.14
	阔叶	0.29	0.66	0.34	2.17	6.5	1.93	4.74	2.65	0.2	2.41	1.06
	灌木	0.19	0.43	0.22	1.41	4.23	1.28	3.35	1.72	0.13	1.57	0.69
草地	草原	0.1	0.14	0.08	0.51	1.34	0.44	0.98	0.62	0.05	0.56	0.25
	灌草丛	0.38	0.56	0.31	1.97	5.21	1.72	3.82	2.4	0.18	2.18	0.96
	草甸	0.22	0.33	0.18	1.14	3.02	1	2.21	1.39	0.11	1.27	0.56
湿地	湿地	0.51	0.5	2.59	1.9	3.6	3.6	24.23	2.31	0.18	7.87	4.73
荒漠	荒漠	0.01	0.03	0.02	0.11	0.1	0.31	0.21	0.13	0.01	0.12	0.05
	裸地	0	0	0	0.02	0	0.1	0.03	0.02	0	0.02	0.01
水域	水系	0.8	0.23	8.29	0.77	2.29	5.55	102.24	0.93	0.07	2.55	1.89
	冰川积雪	0	0	2.16	0.18	0.54	0.16	7.13	0	0	0.01	0.09

（2）生态系统服务功能总价值计算

当量因子法首先要区分不同生态系统的不同生态系统服务功能，然后设定单位生态系统提供生态系统服务功能的标准功能单元，根据各类生态系统面积和各类生态系统服务功能单价得出区域生态系统服务功能总价值。计算公式如下所示：

$$V=\sum_{i=1}^{n}\sum_{j=1}^{m}e_{ij}\times E_a\times A_j \quad （式6.5-7）$$

式中：V——生态系统服务功能总价值，亿元；

e_{ij}——第j种生态系统的第i种生态系统服务功能相对于农田生态系统提供生态服务单价的当量因子；

E_a——单位面积农田生态系统提供作物生产服务功能的经济价值，元/hm^2；

A_j——第j类生态系统面积，hm^2；

n——生态系统服务功能类型；

m——生态系统类型。

从全国范围到区域尺度的生态系统具有一定的差异，因此需要针对区域的生态和土地利用具体情况对单位面积农田每年自然粮食产量的经济价值进行修正，以求体现生态系统的区域特色。根据谢高地等定义1个生态系统服务价值当量因子的经济价值量等于当年全国平均粮食单产市场价值的1/7，即在没有人力投入的自然生态系统提供的经济价值是现有单位面积农田提供的作物生产服务经济价值的1/7，由此便可将权重因子表转换成生态系统服务单价表[106]。计算公式如下所示：

$$E_a=\frac{1}{7}\times\sum_{i=1}^{n}\frac{m_i\times q_i\times p_i}{M} \quad （式6.5-8）$$

式中：E_a——研究区域1个当量因子的经济价值，元/hm^2；

m_i——研究区域第i种作物种植面积，hm^2；

q_i——研究区域第i种作物单产，t/hm^2；

p_i——研究区域第i种作物平均价格，元/t；

M——研究区域作物种植总面积，hm^2；

n——研究区域作物种植的种类。

（3）生态系统服务功能补偿标准

在现有的技术手段下，因水资源调度而导致的饮用水源区生态系统价值损失难以有效评估，为此通过测算受水区的实际受益（即从饮用水源区调入的水资源量）进行生态系统服务功能价值应补偿部分的测算[136]。具体计算公式如下：

$$ESV=V\times\frac{W_r}{W_s} \quad （式6.5-9）$$

式中：ESV——受水区应予补偿的生态系统服务功能价值，亿元；

W_r——受水区每年接受的总调水量，万m^3；

W_s——饮用水源区每年设计水资源供应量，万m^3。

此外，由于现阶段尚未建立完备的交易市场，公众对生态系统服务功能价值缺乏正确的价格认知，在此利用根据Pearl的生长曲线与恩格尔系数的相关关系引入发展阶段系数[137]，来代表受水区公众对生态系统服务功能价值的认识、重视的程度和为其进行支付的意愿，进而得到饮用水源区的生态补偿标准。发展阶段系数在一定程度上能够替代交易市场的缺失，同时，得到的结果也能够让受水区公众接受，并随着社会经济发展阶段和人民生活水平的提高而提高。具体计算公式如下：

$$AESV = ESV \times L \quad （式6.5–10）$$

$$L = \frac{1}{1+\mathrm{e}^{-t}} \quad （式6.5–11）$$

$$t = \frac{1}{E_n} - 3 \quad （式6.5–12）$$

式中：$AESV$——受水区愿意补偿的生态系统服务功能补偿标准，亿元；

ESV——受水区应予补偿的生态系统服务功能价值，亿元；

L——构建的发展阶段系数；

t——社会经济发展阶段；

E_n——受水区的恩格尔系数；

e——自然常数，一般取2.71828。

6.5.2.2 参数选取

（1）生态系统服务价值当量因子表的调整

根据2018年昆明市土地利用现状图，研究区域土地利用类型包括旱地、水田、林地、草地、园地、建设用地、湿地、水域、裸地等。在土地利用类型与生态系统类型的对应上，旱地、水田对应农田生态系统；林地对应森林生态系统，取针叶、针阔混交、阔叶、灌木二级分类的平均值；草地对应草地生态系统，取草原、灌草丛、草甸二级分类的平均值；湿地对应湿地生态系统；水域对应水域生态系统；裸地对应荒漠生态系统。此外，把园地单独划分出来归为一类，命名为园地生态系统，由于园地生态系统的生物量介于农田与森林生态系统之间，因此园地生态系统各项生态服务价值的当量因子取农田与森林生态系统的平均值[138]；并在生态系统分类中加入原生态系统中没有的建设用地生态系统，建设用地生态系统服务价值取零[139]。

（2）单位面积农田粮食产量的经济价值

在计算生态系统服务功能价值当量时，通常采用稻谷、小麦和玉米等主要粮食作物数据计算1个标准当量因子的生态系统服务功能价值量。为了全面反映研究区域农田生态系统单位面积农作物生产服务功能的经济价值，拟选用2018年昆明市农田种植的5种主要农作物作为计算生态系统服务功能价值的基础。粮食产量、粮食播种面积数据资料来源于《昆明统计年鉴2019》，粮食单价数据资料来源于《全国农产品成本收益资料汇编2019》中云南省相关统计数据，其中豆类单价缺失，采用当期全国的平均价格替代[140]。

具体见表6.5–7。

表 6.5–7　2018 年研究区域主要粮食作物数据

种类 类别	稻谷	小麦	玉米	其他谷物	豆类	薯类 （折粮）	合计
产量（t）	132299.1	64326.9	495329.2	56952.8	80494.0	166456.1	995858.1
播种面积（hm^2）	18244.4	25658.4	80448.9	26691.9	38868.9	34400.8	224313.3
单价（元/kg）	3.17	2.40	2.19	2.59	3.66	1.52	

（3）折算系数

根据统计结果，昆明主城7个集中式饮用水水源地设计综合供水量共计5.77亿m^3/年，近三年实际供水量为4.32亿m^3/年，核算得到各饮用水源区水资源量折算系数。根据《昆明统计年鉴》，2016—2018年恩格尔系数分别为0.2783、0.2776、0.2510，得到近三年发展阶段系数均值为0.6728。

表 6.5–8　各饮用水源区水资源量折算系数

饮用水源区名称	饮用水水源地设计水资源供应量（万m^3）	2016—2018年平均供水量（万m^3）	折算系数
松华坝水库	15000	10973	0.73
云龙水库	25000	17550	0.70
清水海水源地	11144	10690	0.96
大河水库	1330	728	0.55
柴河水库	2560	2199	0.86
宝象河水库	1200	618	0.52
红坡一自卫村水库	1460	462	0.32
合计	57694	43220	0.75

6.5.2.3　核算结果

（1）研究区域生态系统服务功能总价值

根据计算结果，研究区域单位面积粮食生产的经济价值为1497.47元，即研究区域1个生态系统服务功能价值当量因子的经济价值为1497.47元/hm^2，计算得到研究区域单位面积生态系统服务价值表。在此基础上，结合研究区域各土地利用类型面积，计算得到生态系统服务功能总价值为45.83亿元。

（2）基于生态系统服务功能的生态补偿标准

基于生态系统服务功能总价值计算结果，结合各饮用水源区2016—2018年平均供水量与设计综合供水量的比例关系，计算得到受水区应补偿的生态系统服务功能价值部分为33.93亿元。在此基础上，若考虑受水区公众对生态系统服务功能价值的认识、重视的程度和为其进行支付的意愿等因素，计算得到受水区生态补偿标准为22.83亿元。

6.5.2.4　差异化生态补偿标准确定

（1）初期阶段生态补偿标准

初期阶段应以环境建设和生态保护投入成本确定生态补偿标准，着重选择资金补偿和实物补偿等方式进行生态补偿，属于“输血型”补偿。鉴于昆明市自2005年在国内率先建立并实施了饮用水源区扶持补助政策，生态补偿标准以具体补助金额为准，在此不再进行阐述。

（2）发展阶段生态补偿标准

发展阶段应以总成本修正模型核算结果（3.87亿元）作为生态补偿标准核算依据（该金额基于2018年数据进行核算，应根据社会经济发展进行动态调整），但不应低于饮用水源区现状生态补偿金额。侧重于产业补偿和智力补偿，并逐步从“输血型”补偿向“造血型”补偿转变。

（3）成熟阶段生态补偿标准

成熟阶段应以保障饮用水源区生态产品价值增值作为主要目标，将生态系统服务功能补偿标准（22.83亿元）作为生态补偿标准核算依据（该金额基于2018年数据进行核算，应根据社会经济发展进行动态调整）。但考虑到受水区面临较大的资金压力，总成本修正模型核算结果仍应是生态补偿下限，并加强市场补偿模式建设，逐步建立符合区域实际情况、切实可行的生态补偿方案。

6.6　明确生态补偿资金

目前，昆明主城饮用水源区生态补偿最主要的还是来自政府补偿，尚未形成市场化的交易体系。因此，建立昆明主城饮用水源区生态补偿机制，不仅要争取政府的财政转移支付力度，形成政府补贴的长效机制，而且应该充分发挥市场交易的作用，全面推行排污权交易制度和水资源的有偿使用制度，并积极引导社会资金投入到昆明主城饮用水源区的生态环境保护中来。

6.6.1　发展阶段资金筹集方式

6.6.1.1　生态补偿资金分担方法

按照受益者付费原则和公平原则，将受水地区的受益程度（用水总量）、支付能力（经济发展水平即GDP）、支付意愿（城镇居民可支配收入）作为参考标准，利用离差平方法进行加权处理，得到受水区不同区域的资金分担系数。

6.6.1.2　参数选取

根据生态补偿资金分担方法，结合昆明市各县（区）统计年鉴、昆明市水资源公报等数据资料，对受水区各县（区）的用水总量、GDP、城镇居民可支配收入进行统计分析。具体见表6.6–1。

表 6.6–1　生态补偿资金分担系数汇总表

受水地区名称	用水总量（万m^3）	GDP（亿元）	城镇居民可支配收入（元/人）	分担系数（F_i）
五华区	8993	1115	43833	0.20
盘龙区	8613	706	43975	0.16
官渡区	9348	1223	43867	0.21
西山区	8108	601	43850	0.14
呈贡区	3612	250	43320	0.08
高新区	950	282	43833	0.06
经开区	1381	264	43867	0.06
度假区	1125	234	43850	0.05
空港经济区	1089	205	43867	0.05

6.6.1.3　受水地区生态补偿金额分担结果

根据饮用水源区生态补偿标准核算结果，结合离差平方法分担系数，明确发展阶段受水区各县（区）的生态补偿金额分担结果。具体见表6.6–2。

表 6.6–2　各县（区）生态补偿金额分担结果

受水地区名称	生态补偿资金分担结果（万元/年）
五华区	7576
盘龙区	6108
官渡区	8049
西山区	5594
呈贡区	2935
高新区	2166
经开区	2250
度假区	2066
空港经济区	1960
合计	38704

6.6.2 成熟阶段资金筹集方式

进入到发展、成熟阶段后，为保障稳生态补偿政策的长效实施，饮用水源区应充分利用区域优势，探索建立市场化生态补偿机制，双方按市场规则对生态服务功能或生态产品进行定价，由补偿者向受偿者购买生态效益的方式所进行的补偿。一是以饮用水源区横向生态补偿市场化为切入点，健全土地、水、矿产、森林资源等有偿使用价格制定制度，建立政府与政府之间、企业与政府之间、个人与政府之间的补偿机制，体现“开发利用付费，保护受损受偿”和“绿色增长”的原则。二是建立健全饮用水源区水权、碳汇、碳排放权等交易市场，优化生态产品价值实现机制，由政府“有形的手”和市场“无形的手”协同规范交易价格行为，加快买卖双方沟通协调平台建设，形成受益者承担及时付费义务、保护者得到合理补偿的市场化运行机制。

6.7 健全运行保障制度

6.7.1 健全法规制度体系，推进生态补偿工作法制化

6.7.1.1 建立生态补偿的法律法规体系

生态补偿有关的法律法规是开展饮用水源区生态补偿的重要依据，以《中华人民共和国水法》《中华人民共和国水污染防治法》《中华人民共和国环境保护法》及《关于深化生态保护补偿制度改革的意见》《生态保护补偿条例（征求意见稿）》等相关法律法规为基础，结合昆明市自然环境特点、经济社会发展状况、扶持补助办法实施经验等，因地制宜制定饮用水源区生态补偿工作管理办法。在生态补偿的适用范围、基本原则、补偿模式、补偿标准、资金筹措等方面作出规定，确立生态补偿考核评估方式、追责办法等，加强生态补偿相关法律的系统性建设，保障有关生态补偿的方针和政策得到贯彻和执行。

6.7.1.2 完善生态补偿配套制度体系

充分发挥政府对生态补偿的主导作用，建立阶段性的生态补偿“权力清单”和“责任清单”，指导生态环境、林业、水利、农业、自然资源等职能部门以及各饮用水源区属地政府制定出台一系列生态补偿的规范性文件，建立饮用水源区生态补偿长效性的制度体系。

6.7.2 优化资金管理制度，推进生态补偿模式长效化

6.7.2.1 优化财政转移支付制度

根据科学测算的生态补偿标准，不断完善全市水资源有偿使用制度，加大财政转移

支付力度。积极研究改进和完善昆明主城受水区与各饮用水源区属地政府间的横向财政转移支付制度，适当减少财政层级，盘活政府财政资金，进一步提高生态补偿资金的周转利用率和使用效益，从而实现区域间社会经济和生态保护的平衡发展。

6.7.2.2　拓宽生态补偿资金筹措渠道

通过国家和各级财政生态专项补偿、征收生态补偿税费、发行生态补偿福利彩票等途径，不断拓宽生态补偿资金渠道。按照“谁投资、谁受益”的原则，运用政府和社会资本合作（PPP）模式，支持鼓励社会资金参与生态补偿相关的基础设施、生态修复、生态产业等重大项目的建设、运营和管理，强化政府主导能力，对生态保护及修复提供合理的制度管理，使各个主体在机制中的功能可以得到有效发挥。

6.7.2.3　健全生态补偿资金年度动态调整制度

为真正实现生态补偿资金发挥成效，应以生态补偿标准为基础，将本年度水量保证、水质达标、年度考核结果等作为下一年度生态补偿资金的拨付依据，年度动态调整基本原则包括：①水量保证调整系数：基于“受益者补偿”的原则，根据受益地区实际利用水资源量占饮用水源区总水量的比例确定，按照各饮用水源区年度取水量与昆明市主城水资源配置和供水联合调度方案中确定取水量的比值确定。若比值≥1，则调整系数为1；否则，将比值作为调整系数。②水质达标调整系数：结合昆明市主城饮用水源区实际情况，在此考虑将水质类别达标、总氮达标作为判断依据，并将两个指标分摊系数的乘积作为水质修正系数。一是当水质类别均达到或优于水质考核目标时，水质分摊系数为1；否则，以水质达标率作为水质类别分摊系数。二是当水质总氮实际监测浓度等于或优于规定的浓度考核标准时，水质总氮分摊系数为1；否则，水质总氮每降低一个水质类别，扣减10%。③年度考核结果调整系数：依据各饮用水源区每个五年规划，将各饮用水源区内是否发生重大生态破坏或环境污染事故、各饮用水源区年度考评结果、各饮用水源区管理保护创新工作开展情况作为年度工作完成情况。

6.7.2.4　推进生态补偿资金全面预算绩效管理

坚持“专账核算、专款专用、跟踪问效”原则，加强生态保护补偿资金全过程预算绩效管理链条，各饮用水源区属地政府应及时制定出台具体可行的实施方案、细则或管理办法，管好用好生态补偿专项资金，确保资金用于民生保障、生态环境治理设施、退耕还林、水源涵养、管理补助等饮用水源保护工作，强化生态系统保护修复绩效目标管理。建立生态补偿一般公共预算绩效管理体系，重点关注生态补偿预算资金配置效率和使用效益，尤其是重点生态保护项目实施效果，提高生态补偿资金使用效率。

6.7.2.5　完善生态补偿资金监管制度

不断完善生态补偿评估机制，运用大数据分析技术和成本效益分析法、比较法以及因素分析法等，切实做好生态绩效运行监控。建立对专项资金使用情况的年度审计和跟踪监管制度，对专项资金使用情况进行定期检查、督察和审计，提高生态保护补偿资金监管能力，确保生态补偿资金合法、合规、合理、高效使用。

6.7.2.6 探索多元化的生态补偿方式

实施多元化的补偿方式，综合采用人才教育支援、技术支援、对口合作等方式，促使受水区提供物力、人力、教育资源等。以绿色发展理念完善“造血”功能，出台有关支持产业结构调整方面的产业指导目录和优惠政策，统筹推进绿色科创产业、绿色基础设施、生态环境及其公共服务一体化，建立健全区域内和区域间的生态产业发展合作机制，增强生态经济对经济欠发达地区的外溢效应，以此破解饮用水源区的难题或困境。

6.7.3 强化补偿支撑体系，推进生态补偿机制规范化

6.7.3.1 推进饮用水源区生态补偿标准核算方法体系程序化

综合考虑饮用水源区生态产品价值、保护和治理投入、机会成本等因素，科学设定生态补偿动态目标。在保证生态补偿标准公平、合理的前提下，建立既避免大量烦琐数据搜集、计算所造成的时间及经济成本的浪费，又充分考虑代际公平的生态补偿标准核算方法体系，推进饮用水源区生态补偿标准精准化、程序化。

6.7.3.2 推动饮用水源区基础信息精细化管理

基于昆明市主城饮用水源区已有工作成果，按照“一源一策、分类管理、动态更新”的原则，扎实做好饮用水源区经济社会发展、耕地、林地、污染治理设施、项目实施等基础信息台账管理。强化日常监管、重要节点考核、全过程留痕，形成生态补偿全周期动态监测体系，实现昆明主城饮用水源区基础信息的数字化、系统化、常态化、规范化管理，为饮用水源区决策管理提供基础支撑。

6.7.3.3 健全饮用水源区监测及预警机制

在现有水量、水质监测体系基础上，不断完善水生态、泥沙、林分等监测指标。借助遥感、地理信息系统、大数据、物联网、人工智能等相关技术，对饮用水源区环境要素和生态资源进行动态监测，进一步完善应急管理及预警机制，不断提高饮用水源区环境治理的规范化和现代化水平，为管理部门综合研判提供科学依据。

6.7.3.4 健全生态产品价值实现机制

依据自然资源产权制度改革，对各饮用水源区的自然资源资产权益进行界定，建立健全归属清晰、权责明确、流转顺畅、保护严格、监管有效的自然资源产权制度，为多元化的生态保护效益补偿机制奠定产权基础。加强生态补偿市场化所需的政策环境、产业条件、市场条件等实施保障体系建设，建立一整套生态产品价值实现机制，拓展生态产品价值实现模式，促进生态产品价值提升和价值“外溢”，建立适合区域发展的多元

化、差异化的补偿模式。同时，加快建立和完善生态资源的价格机制、产权机制、市场交易机制以及市场化投融资渠道等，调动市场主体致力于生态系统保护的主动性，处理和解决好受水区与饮用水源区的利益关系，以有效破解饮用水源区被动保护的难题，切实做到生态环境保护与社会经济发展双赢。

6.7.3.5　建立实施效果评估考核机制

根据生态补偿目标、年度任务，明确各行政区域政府、市场主体和社会公众组织的权利和责任，定期对生态补偿政策实施后的效果进行评估，科学客观地评估实施效果和补偿资金的落实情况，对发现的有关问题进行分类整理，提出需要整改的问题及建议。完善生态补偿绩效考核评估体系，将生态补偿实施效果评估结果纳入属地政府的绩效考核之中，根据评估结果对相关单位和个人进行相应的奖惩，督促生态补偿的高效落实。

6.7.4　提升公众参与活力，推进生态补偿主体多元化

6.7.4.1　加强生态补偿宣传教育，提升社会公众参与活力

生态补偿涉及众多的利益主体，只有各相关利益主体积极主动地参加生态补偿工作，生态补偿才能发挥其对生态环境保护的真正效用。一是通过网站、微信、短信、宣传海报、广播、杂志等新闻媒体向群众普及生态环境保护和生态补偿常识，提升群众自身的生态环境保护意识，为生态补偿工作的开展和推进创造良好的社会氛围。二是及时公开生态补偿的相关政策和实施进展情况，提高居民对于生态环境保护的认知程度和了解程度。通过召开座谈会、听证会、专家论证会等方式，开展公众参与生态补偿政策的制定、补偿协议的协商、补偿效果的评估等活动，积极听取环保团体、受益区居民及利益相关的公民等社会公众的意见和建议，激励饮用水源区居民以及整个社会公众进行生态建设和保护的热情，以积极主动的态度参与到生态补偿中去。

6.7.4.2　不断拓宽生态补偿直补通道，提高居民参与主动性

为解决现行生态补偿标准偏低和补偿并未完全聚焦饮用水源区居民的问题，一是重视居民作为饮用水源区生态保护的主体地位，简化补助内容名目和称谓，让居民对其所直接受益的饮用水源区生态补偿内容了如指掌。二是每年年终或次年年初时向居民送达年度补偿清单，告知过去一年居民享受的生态补偿项目种类，合计折合资金额度，并书面重申居民在饮用水源区生态保护与建设中应尽的职责与义务。在增强当地居民对饮用水源区生态补偿感知度、获得感的同时，提高饮用水源区生态补偿的绩效水平。

6.7.4.3　建立全方位监督及奖励机制

充分利用政府内部行政监督，对政府各部门的生态补偿责任落实情况进行督查，对生态补偿资金筹集、管理使用情况进行监管，对生态补偿方式执行情况进行检查；发挥各级人大和政协的监督作用，增强生态补偿过程中决策的科学化和民主化；加强立法和

司法监督，对法律法规规定的各方生态补偿责任和义务进行督促落实；强化公众监督，引导更多的环保组织、社会团体、社区组织对生态补偿实施过程进行监督，建立生态补偿信息发布平台，提供公众监督渠道。构建全方位多层次的监督体系和问责机制，对表现突出的社会组织和公民个人进行奖励。加快全社会环境信用体系建设，将生态补偿受益个人履行生态保护义务的情况纳入个人环境信用体系中。

附 录

附录一：基础信息调查表（样表）

______饮用水源区基础信息调查核实表（村庄部分）

访谈地点：______乡（镇）街道办______村委会（社区）______自然村

被访谈人：　　　　联系电话：

村庄基本情况					
村民小组数量（个）		村民小组名称：			
国土面积（平方公里）		其中：（1）林地面积（亩）		（2）草地（亩）	
（3）常用耕地面积（亩）　其中：①水田面积（亩）　②旱地面积（亩）					
（4）水面（亩）		（5）荒山荒地（亩）		（6）其他（亩）	
村庄人口状况					
农业人口（人）		常住人口（人）		农户数量（户）	
外出务工人数（3个月）		外出务工人数（6个月）			
经济基本情况					
农村经济总收入（万元/年）		其中：（1）种植业收入（万元/年）		（2）畜牧业收入（万元/年）	
（3）渔业收入（万元/年）		（4）林业收入（万元/年）		（5）第二、三产业收入（万元/年）	
（6）工资性收入（万元/年）		（7）其他收入（万元/年）			
农民人均纯收入（元/年）					
畜禽养殖情况					
出栏肉猪（头/年）		出栏肉牛（头/年）		出栏肉羊（头/年）	

畜禽养殖情况		其中：养殖畜禽名称（1）		养殖数量（头、只/年）	
		养殖畜禽名称（2）		养殖数量（头、只/年）	
		养殖畜禽名称（3）		养殖数量（头、只/年）	
		养殖畜禽名称（4）		养殖数量（头、只/年）	
村庄基础设施					
建有沼气池的农户（户）		装有太阳能的农户（户）		完成“一池三改”农户（户）	
生活垃圾收集转运系统建设情况	□已建 □不完善	垃圾收集桶数量（个）		垃圾收集房数量（个）	
		垃圾收集池数量（座）		垃圾收集斗数量（个）	
		垃圾收集车数量（辆）		垃圾转运车数量（辆）	
	□未建	原因：			
村内生活排水沟渠设施建设情况	□已建 □不完善	已建沟渠类型		已建沟长度（米）	
	□未建	原因：			
生活污水处理设施建设情况	□已建 □不完善	其中：污水处理规模及工艺（1）		污水处理规模（m^3/d）	
		污水处理规模及工艺（2）		污水处理规模（m^3/d）	
		污水处理规模及工艺（3）		污水处理规模（m^3/d）	
	□未建	原因：			

调查人：　　　　　　联系电话：

附录一：基础信息调查表（样表）

______饮用水源区基础信息调查核实表（已实施项目部分）

污染治理设施类型：①污水处理设施；②湿地；③垃圾转运站；④垃圾焚烧设施；⑤退耕还林（湿）项目；⑥生态清洁型小流域	位置信息	建设情况	设计情况	设施运行维护情况	设施运行情况（需提供相关监测数据、台账等资料）	其他（若有停运、闲置、被侵占、用途变更等，需注明原因）
	经度：°′″ 纬度：°′″ 地理位置：	占地面积（亩）： 建设投资（万元）： 投入运行时间：	服务范围： 处理规模： 主要处理工艺： 排放标准：	投入人员数量（人）： 运维费用（万元/年）：		
	经度：°′″ 纬度：°′″ 地理位置：	占地面积（亩）： 建设投资（万元）： 投入运行时间：	服务范围： 处理规模： 主要处理工艺： 排放标准：	投入人员数量（人）： 运维费用（万元/年）：		
	经度：°′″ 纬度：°′″ 地理位置：	占地面积（亩）： 建设投资（万元）： 投入运行时间：	服务范围： 处理规模： 主要处理工艺： 排放标准：	投入人员数量（人）： 运维费用（万元/年）：		
	经度：°′″ 纬度：°′″ 地理位置：	占地面积（亩）： 建设投资（万元）： 投入运行时间：	服务范围： 处理规模： 主要处理工艺： 排放标准：	投入人员数量（人）： 运维费用（万元/年）：		
	经度：°′″ 纬度：°′″ 地理位置：	占地面积（亩）： 建设投资（万元）： 投入运行时间：	服务范围： 处理规模： 主要处理工艺： 排放标准：	投入人员数量： 运维费用（万元/年）：		

调查人：　　　　联系电话：

附录二：

昆明市主城饮用水源区扶持补助办法实施情况调查问卷

尊敬的调查对象：

您好！近年来各级政府高度重视饮用水水源地保护工作，围绕生态文明建设要求，昆明市积极探索建立和完善生态保护补偿机制，不断加大主城饮用水源区生态保护投入力度，通过市级定额补助、以投代补等投入方式对主城饮用水源区水源保护工作给予适当补偿，对于保障主城饮用水源区群众生产生活、主城饮用水源安全稳定起到了积极作用。

本次调查严格按照《统计法》的要求进行，主要向您了解昆明市主城饮用水源区扶持补助办法实施情况的相关信息，并反映您对相关政策的看法和诉求。所有回答只用于统计分析，各种答案没有正确、错误之分，您的回答将对本调查提供莫大帮助。

祝您身体健康、生活愉快！

《昆明市主城饮用水源区基础信息系统调查及扶持补助办法绩效评估》课题组

2019年6月

一、调查对象基本情况

1. 您的性别？

□男 □女

2. 您的年龄？

□16岁及以下 □17岁~25岁 □26岁~45岁 □46岁~60岁 □61岁及以上

3. 您的文化程度？

□小学及以下 □初中 □高中或中专 □大学（含大专） □研究生及以上

4. 您的职业？

□农民 □工人 □公务员、企（事）业单位工作人员 □学生 □其他

5. 您与水源保护区的关系？

□水源保护区内居民 □水源地相关管理人员 □受水区域居民 □其他类

注：若您本人为水源保护区居民，请顺序填写；若您本人为水源地相关管理人员、受水区域居民、其他类调查对象，请前往第三项填写。

二、扶持补助办法实施情况

1. 您家的主要经济来源是什么？（可多选）

□种植粮食、农作物

□种植经济作物（蔬菜、花卉、药材等）

□种植经果林

□畜禽养殖 □渔业养殖

□个体户或经商 □外出务工

□其他____

您家的主要经济收入及占比情况：________________________________

2. 您家是否获得了水源区扶持补助？

□是 □否

若选择是，2016年~2018年是否每年都有？

□每年都有 □有遗漏（请明确遗漏年份：________________）

若选择是，获得了哪些扶持补助？（可多选，并填写补助金额或标准）

□退耕还林补助 （2016年______；2017年______；2018年_____）

□“农改林”补助 （2016年______；2017年______；2018年_____）

□劳动力转移就业补助 （2016年______；2017年______；2018年_____）

□产业结构调整补助 （2016年______；2017年______；2018年_____）

□清洁能源补助 （2016年______；2017年______；2018年_____）

□教育补助 （2016年______；2017年______；2018年_____）

□能源补助 （2016年______；2017年______；2018年_____）

□医疗补助　　　　　（2016年______；2017年______；2018年_____）
□养老补助　　　　　（2016年______；2017年______；2018年_____）
□其他__________　　（2016年______；2017年______；2018年_____）

3. 通过实施水源区扶持补助政策，近年来您家生活条件是否有所改善？

□是　□否

若选择是，在哪些方面有所改善？（可多选）

□收入增加

□生活环境改善

□医疗费用降低

□学生读书条件改善

□其他____

4. 您家的水源区扶持补助款主要用于哪些方面？（可多选）

□购买了生产资料，如化肥、农药或用于灌溉等

□购买了生活用品，如米、面、油、液化气等

□改善了生活质量，如补贴了房屋修缮、购买汽车等

□在存折上存着 □其他____

5. 您对现有的水源区扶持补助政策实施效果是否满意？

□满意 □不满意

若选择不满意，主要存在哪些方面的原因？（可多选）

□扶持补助类别少 □扶持补助金额低 □管理措施不完善，发放不及时

□存在扣留补贴款或挪用现象 □其他____

三、对扶持补助办法完善的意见和建议

1. 近年来，您觉得饮用水源地生态环境状况是否有所改善？

□是　□否

若选择是，在哪些方面有所改善？（可多选）

□生活污水乱排现象减少 □生活垃圾乱堆现象减少

□生活垃圾焚烧现象减少 □粪便乱堆、乱排现象减少

□农田秸秆堆积现象减少 □绿化及生态环境质量变好

□其他____

若选择否，请指出具体生态环境问题？

□与以前一样，没什么变化

□比以前更差了____

2. 您是通过哪些渠道了解饮用水源区扶持补助政策的？（可多选）

□电视、广播、报纸　　□宣传栏　　□手机、网络

□村干部　　□亲戚、邻居、朋友　　□农业企业、合作社或协会

□信用社、财政所　　□其他______________________

3. 您觉得政府实施饮用水源区扶持补助政策，最主要是为了什么？（可多选）

□水源区资源受到侵占，通过扶持补助进行经济补偿

□水源区经济发展方式受限，通过扶持补助拓宽收入来源

□通过扶持补助政策，提高水源区生态环境保护力度

□其他______________________

4. 您认为现有的水源区扶持补助政策对于饮用水源保护是否发挥了积极作用？

□是　□否（请注明具体原因：______________________）

若选择是，体现在那些方面？（可多选）

□群众生活水平得到保障　□群众生产方式得到改善

□公共基础设施得到改善　□生态环境治理投入增加

□其他______________________

5. 如果将现有的饮用水源区扶持补助资金统筹使用，您的态度是？

□同意　□不同意

若选择同意，您最期望用于饮用水源区哪些方面？（可多选）

□公共基础设施建设　□产业优化调整　□促进劳动力转移就业

□环境污染治理投入　□生态建设投入　□管理工作经费

□其他______________________

若选择不同意，您的建议是？

□与往年一样发放就行了

□同意调整饮用水源区扶持补助类别（调整类别包括：□退耕还林补助　□"农改林"补助　□劳动力转移就业补助　□产业结构调整补助　□清洁能源补助　□教育补助　□能源补助　□医疗补助　□养老补助）

□同意调整饮用水源区扶持补助标准，如：______________________

□其他建议______________________

6. 如果将现有的饮用水源区扶持补助资金拨付与年度水量、水质绩效考核结果挂钩，建立浮动补偿机制，您的态度？

□同意　□不同意（请注明具体原因：______________________）

7. 在我们将水资源视作一种商品的条件下，若您本人为受水区居民，您愿意为水源区居民支付多少费用［元/（人·月）］？

□0元　□1～10元　□11～20元　□21～30元　□31～40元

□41～50元　□51～100元　□101～200元　□201～300元

□301～400元　□401～500元　□501～1000元　□1000元以上

8. 请您结合具体情况，提出其他意见或建议。

____

____

附录三：

《昆明市主城饮用水源区扶持补助办法实施绩效评估》专家打分表

尊敬的专家/老师，您好！

近年来，各级政府高度重视饮用水水源地保护工作，围绕生态文明建设要求，昆明市积极探索建立和完善生态保护补偿机制，不断加大主城饮用水源区生态保护投入力度，通过市级定额补助、以投代补等投入方式对主城饮用水源区水源保护工作给予适当补偿，对于保障主城饮用水源区群众生产生活、主城饮用水源安全起到了积极作用。

根据已有研究成果和昆明市主城饮用水源区实际情况，拟采用层次分析法开展扶持补助办法实施绩效评估工作。首先，建立层次结构，将各指标项按属性分为目标层、准则层、指标层三个层次，筛选评价指标体系，其中第一层为目标层，即扶持补助办法实施绩效；第二层为准则层，包括经济发展、社会效益、环境状况、生态状况、资源支撑能力、环境管理状况等维度；第三层为指标层，是扶持补助办法实施绩效评估指标体系的最基本层面。其次，基于专家打分，辅助量值关系权法/熵权法等，并进行群体决策分析以得到最终的各指标权重。最后，根据评估指标体系，通过标准化方法将不同的指标进行无量纲化处理，再根据各评估指标的权重值进行加权平均，从而得到扶持补助办法实施绩效的综合评估结果。

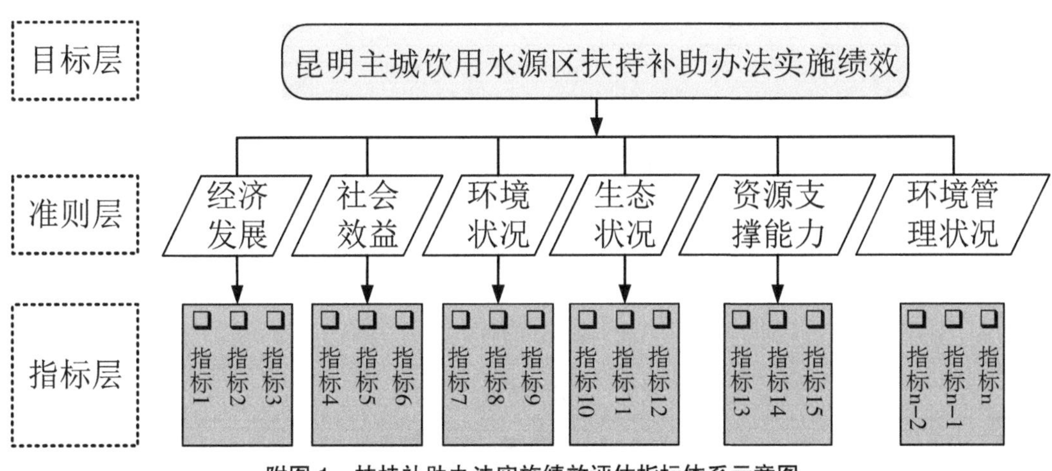

附图 1　扶持补助办法实施绩效评估指标体系示意图

根据图1所示的指标体系结构，不同层次各指标权重的确定是重要环节，您作为生态环境保护领域的专家，尤其对饮用水水源地保护与管理有着深刻的理解和丰富的实践经验，请按照相关原则对下文中的表1～表8进行打分，感谢您对本课题组的支持和指导，谢谢！

《昆明市主城饮用水源区基础信息系统调查
及扶持补助办法绩效评估》课题组
2019年12月

一、打分原则

（一）两两比较打分

1. 专家打分表样式

根据层次分析法的原理，对于目标层—准则层、准则层—指标层，通常对该层的n个影响因素进行两两比较，由专家给予评分，然后通过归一化计算各x_i的权重系数。设某层有n个因素，$X=(x_1, x_2, ..., x_n)$，要比较x_i对上一层某一准则（或目标）的影响程度，即确定x_i在该层中相对于某一准则（或目标）所占的比重，如范表1所示。

范表 1　专家打分表示意图

指标	x_1	x_2	...	x_n
x_1	1			
x_2	–	1		
...	–	–	1	
x_n	–	–	–	1

注：由于该表是一正互反性矩阵，故专家只需填写该表对角线以上灰色部分即可。

2. 评分标准

专家打分表内各方格内的得分，由该值所在行的指标X_i与该值所在列的指标X_j的重要程度比较所决定。打分时的取值，可参考范表2。

范表 2　层次分析法评分标准

分值	意义
1	X_i与X_j对上一层的影响相同
3	X_i比X_j对上一层的影响稍强
5	X_i比X_j对上一层的影响强

续范表 2

分值	意义
7	X_i比X_j对上一层的影响明显地强
9	X_i比X_j对上一层的影响绝对地强
2，4，6，8	为上述两判断级的中间值
1，1/2，…，1/9	X_i较X_j的影响之比与上述说明相反

3. 举例说明

专家打分时，逐行来看，以左侧每一指标与各列指标的重要程度比较所决定。

范表 3　专家打分举例

X_i \ X_j	x_1	x_2	x_3	x_4
x_1	1	3	9	5
x_2	–	1	5	3
x_3	–	–	1	1/5
x_4	–	–	–	1

依据“范表3 专家打分举例”，可以推知：

（1）从第一行来看，x_1对x_2为3，表示x_1对上一层的影响稍强，x_1对x_3为9，表示x_1对上一层的影响绝对强，x_1对x_4为5，表示x_1对上一层的影响强；

（2）从整体来看，x_3比x_4弱，x_4比x_2弱，x_2比x_1弱，这四者对上一层的影响程度由强到弱依次是$x_1>x_2>x_4>x_3$，且x_4-x_3的强弱反差要比x_1-x_2和x_2-x_4的强弱反差更大。

（二）单个指标绝对打分

对于指标层，考虑到选取的指标较多，以及后续评估过程中存在指标优选等实际情况，在此辅助采用单个指标的重要性绝对评判打分。重要性评判采用七点量表，重要性从1（非常不重要）到7（非常重要），专家就各指标对准则层中各类别的重要性加以评价。

范表 4　单个指标绝对打分举例

指标	非常不重要						非常重要
x_1	□1	□2	□3	□4	□5	□6	√7
x_2	□1	□2	□3	□4	√5	□6	□7
x_3	□1	√2	□3	□4	□5	□6	□7
…	□1	□2	□3	√4	□5	□6	□7
x_n	□1	□2	□3	□4	□5	√6	□7

二、专家打分表

（一）目标层（V）—准则层（B）：两两比较

附表 1　扶持补助办法实施绩效——专家打分表

指标	经济发展	社会效益	环境状况	生态状况	资源支撑能力	环境管理状况
经济发展	1					
社会效益	–	1				
环境状况	–	–	1			
生态状况	–	–	–	1		
资源支撑能力	–	–	–	–	1	
环境管理状况	–	–	–	–	–	1

（二）准则层（B）—指标层（C）：两两比较

附表 2　经济发展——专家打分表

指标	农村经济总收入年均增长率	农村居民人均可支配收入
农村经济总收入年均增长率	1	
农村居民人均可支配收入	–	1

附表 3　社会效益——专家打分表

指标	乡村人口年均增长率	水源地农户对扶持补助政策的认知度	水源地农户对扶持补助的满意度
乡村人口年均增长率	1		
水源地农户对扶持补助政策的认知度	–	1	
水源地农户对扶持补助的满意度	–	–	1

附表 4　环境状况——专家打分表

指标	库区水质类别达标率	库区水质总氮达标率	水库综合营养状态指数	生活污水集中收集处理率	生活垃圾收集清运率	单位耕地面积化肥施用量
库区水质类别达标率	1					
库区水质总氮达标率	–	1				
水库综合营养状态指数	–	–	1			
生活污水集中收集处理率	–	–	–	1		
生活垃圾收集清运率	–	–	–	–	1	
单位耕地面积化肥施用量	–	–	–	–	–	1

附表 5　生态状况——专家打分表

指标	森林覆盖率	水土流失面积占比	一级保护区陆域植被覆盖率
森林覆盖率	1		
水土流失面积占比	–	1	
一级保护区陆域植被覆盖率	–	–	1

附表 6　资源支撑能力——专家打分表

指标	工程供水能力	产水模数
工程供水能力	1	
产水模数	–	1

附表 7　环境管理状况——专家打分表

指标	水源保护区规范化建设	饮用水水源保护区综合治理率	监控能力	风险防控与应急能力	管理措施
水源保护区规范化建设	1				
饮用水水源保护区综合治理率	–	1			
监控能力	–	–	1		
风险防控与应急能力	–	–	–	1	
管理措施	–	–	–	–	1

（三）准则层（B）—指标层（C）：单个指标绝对打分

附表 8　评估指标重要性——专家打分表

准则层	指标层	非常不重要						非常重要
经济发展	农村经济总收入年均增长率	□1	□2	□3	□4	□5	□6	□7
	农村居民人均可支配收入	□1	□2	□3	□4	□5	□6	□7
社会效益	乡村人口年均增长率	□1	□2	□3	□4	□5	□6	□7
	水源地农户对扶持补助政策的认知度	□1	□2	□3	□4	□5	□6	□7
	水源地农户对扶持补助的满意度	□1	□2	□3	□4	□5	□6	□7
环境状况	库区水质类别达标率	□1	□2	□3	□4	□5	□6	□7
	库区水质总氮达标率	□1	□2	□3	□4	□5	□6	□7
	水库综合营养状态指数	□1	□2	□3	□4	□5	□6	□7
	生活污水集中收集处理率	□1	□2	□3	□4	□5	□6	□7
	生活垃圾收集清运率	□1	□2	□3	□4	□5	□6	□7
	单位耕地面积化肥施用量	□1	□2	□3	□4	□5	□6	□7

续附表 8

准则层	指标层	非常不重要						非常重要
生态状况	森林覆盖率	□1	□2	□3	□4	□5	□6	□7
	水土流失面积占比	□1	□2	□3	□4	□5	□6	□7
	一级保护区陆域植被覆盖率	□1	□2	□3	□4	□5	□6	□7
资源支撑能力	工程供水能力	□1	□2	□3	□4	□5	□6	□7
	产水模数	□1	□2	□3	□4	□5	□6	□7
环境管理状况	水源保护区规范化建设	□1	□2	□3	□4	□5	□6	□7
	饮用水水源保护区综合治理率	□1	□2	□3	□4	□5	□6	□7
	监控能力	□1	□2	□3	□4	□5	□6	□7
	风险防控与应急能力	□1	□2	□3	□4	□5	□6	□7
	管理措施	□1	□2	□3	□4	□5	□6	□7

注：请按照各指标的重要性程度，在各指标相应分值前打√即可。

参考文献

［1］陈至立. 辞海 (第七版) ［M］. 上海: 上海辞书出版社, 2020.

［2］《环境科学大辞典》编委会. 环境科学大辞典仁［M］. 北京: 中国环境科学出版社, 1991.

［3］叶文虎, 魏斌, 全川. 城市生态补偿能力衡量和应用［J］. 中国环境科学, 1998, 18 (04) : 298–301.

［4］章铮. 生态环境补偿费的若干基本问题［A］//国家环境保护局自然保护司编：中国生态环境补偿费的理论与实践［C］. 北京: 中国环境科学出版社, 1995, 81–87.

［5］毛显强, 钟瑜, 张胜. 生态补偿的理论探讨［J］. 中国人口·资源与环境, 2002, 12 (04) : 38–41.

［6］庄国泰, 高鹏, 王学军. 中国生态环境补偿费的理论与实践［J］. 中国环境科学, 1995, 15 (06) : 413–418.

［7］李爱年, 刘旭芳. 生态补偿法律含义再认识［J］. 环境保护, 2006, 19: 44–48.

［8］吕忠梅. 超越与保守——可持续发展视野下的环境法创新［M］. 北京: 法律出版社, 2003.

［9］国家发展改革委, 2020. https: //hd.ndrc.gov.cn/yjzx/yjzx_add_wap.jsp?SiteId=350.

［10］Cuperus R., Canters K.J., Piepers A.G.. Ecological Compensation of the Impacts of a Road: Preliminary method for the 50 road links ［J］.Ecological Engineering, 1996, 7 (04) : 327–349.

［11］Noordwijk M., Chandler F., Tomich T.P.. An Introduction to the Conceptual Basis of RUPES［R］. Bogor: ICRAF, 2004.

［12］Wunder Sven. Payment for Environmental Services: Some Nuts and Bolts［J］. CIFOR Occasional Paper, 2005, 42.

［13］洪尚群, 吴晓青, 段昌群, 等. 补偿途径和方式多样化是生态补偿的基础和保障［J］.环境科学与技术, 2001, 24 (S2) : 40–42.

［14］王金南, 万军, 张惠远. 关于我国生态补偿机制与政策的几点认识［J］. 环境保护, 2006, 19: 24–28.

［15］李文华, 李芬. 森林生态效益补偿的研究现状与展望［J］. 自然资源学报, 2006, 21 (15) : 677–688.

［16］中国生态补偿机制与政策研究课题组. 中国生态补偿机制与政策研究［M］. 北京: 科学出版社, 2007.

［17］赖力, 黄贤金, 刘伟良. 生态补偿理论、方法研究进展［J］. 生态学报, 2008, 28 (06) : 2870–2877.

［18］赵春光. 流域生态补偿制度的理论基础［J］. 法学论坛, 2008, 23 (04) : 90–96.

［19］黄艺. 海洋生态补偿法律制度研究［D］. 宁波: 宁波大学, 2012.

［20］沈满洪. 环境经济手段研究［M］. 北京: 中国环境科学出版社, 2001.

［21］张宏志. 辽宁大伙房水库受水区居民生态补偿意愿与给付研究［D］. 沈阳: 辽宁大学, 2017.

［22］Rees W.E.. Ecological footprint and appropriated carrying capacity: what urban economics leaves out［J］. Environment and Urbanization, 1992, 4 (02) : 121–130.

［23］Wackemagel M., Rees W.E.. Our Ecological footprint: Reducing Human Impact on the earth［M］. Gabriola Island: New Society Publishers, 1996.

［24］Chapagain A.K., Hoekstra A.Y.. Water Footprints of Nations［A］//Value of Water Research Report

Series (No.16) ［C］. Delft: UNESCO–IHE, 2004, 01: 1–80.
［25］Rachel C. 寂静的春天［M］. 吕瑞兰, 等译. 长春: 吉林人民出版社, 1997.
［26］世界环境与发展委员会. 我们共同的未来［M］. 王之佳, 译. 长春: 吉林人民出版社, 1997.
［27］朱玉荣. 可持续发展理论与中国经济发展［J］. 北方经贸, 2008, 04: 4–6.
［28］牛文元. 持续发展导论［M］. 北京: 科学出版社, 2001.
［29］曲福田. 可持续发展的理论与政策选择［M］. 北京: 中国经济出版社, 2000.
［30］Marshall A. 经济学原理［M］. 朱攀峰, 译. 北京: 北京出版社, 2007.
［31］Pigou A.C. 福利经济学［M］. 朱泱, 等译. 北京: 商务印书馆, 2006.
［32］梁丽娟. 流域生态补偿市场化动作制度研究——以黄河流域为例［D］. 泰安: 山东农业大学, 2007.
［33］Pigou A.C., 1938. 社会主义与资本主义的比较［M］. 谨斋, 译. 北京: 商务印书馆, 1963.
［34］Coase R.H., Alchain A. North D.. 财产权利与制度变迁［M］. 刘守英, 等译. 上海: 上海人民出版社, 1994.
［35］李文国, 魏玉芝. 生态补偿机制的经济学理论基础及中国的研究现状［J］. 渤海大学学报, 2008, 03: 114–118.
［36］Samuelson P.A., Nordhaus W.D. 经济学［M］. 高鸿业, 等译. 北京: 中国发展出版社, 1992.
［37］付海萍. 公共产品理论和市场化改革［J］. 西部财会, 2005, 01: 18–19.
［38］Hardin G.. The tragedy of the commons［J］. Science, 1968, 162: 1243–1248.
［39］杨从明. 浅论生态补偿制度建立及原理［J］. 林业与社会, 2005, 13 (01) : 7–12.
［40］Hume D. 人性论［M］. 关文运, 译. 北京: 商务印书馆, 1997.
［41］Olson M. 集体行动的逻辑［M］. 陈郁, 等译. 上海: 上海人民出版社, 1995.
［42］柳文宗. 生态补偿的三大经济学理论依据［J］. 中国林业, 2007, 01: 10–11.
［43］沈满洪, 杨天. 生态补偿机制的三大理论基石［N］. 中国环境报, 2004, 3–2.
［44］牛新国, 杨贵生, 刘志健, 等. 略论生态资本［J］. 中国环境管理, 2002, 01: 18–19.
［45］Pearce D.K., Turner R.K.. Economics of Natural Resources and Environment［M］. Baltimore: Johns Hopkins University Press, 1990.
［46］Stiglitz J.E. 经济学［M］. 张帆, 等译. 北京: 中国人民大学出版社, 2000.
［47］沈满洪, 陆菁. 论生态保护补偿机制［J］. 浙江学刊, 2004, 04: 217–220.
［48］张冬梅. 财政转移支付民族地区生态补偿的福利经济学诠释［J］. 社会科学战线, 2013, 04: 69–72.
［49］高其才. 法理学［M］. 北京: 清华大学出版社, 2007.
［50］陈泉生. 环境法学基本理论［M］. 北京: 中国环境科学出版社, 2004.
［51］郑少华. 论环境法上的代内公平［J］. 法商研究, 2002, 04: 94–100.
［52］傅剑清. 论代际公平理论对环境法发展的影响［J］. 信阳师范学院学报 (哲学社会科学版) , 2003, 02: 33–36.
［53］张光博, 张文显. 以权利和义务为基本范畴重构法学理论［J］. 求是, 1989, 10: 20–25.
［54］刘玉龙. 生态补偿与流域生态共建共享［M］. 北京：中国水利水电出版社, 2007.
［55］杨娟. 生态补偿法律制度研究［D］. 武汉: 武汉大学, 2005.
［56］谢维光, 陈雄. 国内外生态补偿研究进展述评［J］. 中国人口・资源与环境, 2008a, 18: 461–465.

[57] 鲁迪. 人为干扰下的生态补偿——以湖北省安陆市烟店镇、辛榨乡基本农田整理项目为例 [D]. 武汉: 华中师范大学, 2006.
[58] 赵玉山, 朱桂香. 国外流域生态补偿的实践模式及对中国的借鉴意义 [J]. 世界农业, 2008, 04: 14-17.
[59] 任世丹, 杜群. 国外生态补偿制度的实践 [J]. 环境经济, 2009, 11: 34-39.
[60] 王晶. 生态补偿问题研究 [D]. 天津: 天津大学, 2005.
[61] 孙宇. 生态保护与修复视域下我国流域生态补偿制度研究 [D]. 长春: 吉林大学, 2015.
[62] 朱丽华. 生态补偿法的产生与发展 [D]. 青岛: 中国海洋大学, 2010.
[63] 尤艳馨. 我国国家生态补偿体系研究 [D]. 天津: 河北工业大学, 2007.
[64] 姜曼. 大伙房水库上游地区生态补偿研究 [D]. 长春: 吉林大学, 2009.
[65] 王登举. 日本的森林生态效益补偿制度及最新实践 [J]. 世界林业研究, 2005, 18 (05) : 10-11.
[66] 李国平, 刘生胜. 中国生态补偿40年: 政策演进与理论逻辑 [J]. 西安交通大学学报 (社会科学版), 2018, 38 (06) : 101-112.
[67] 谢维光, 陈雄. 我国生态补偿研究综述 [J]. 安徽农业科学, 2008b, 36 (14) : 6018-6019.
[68] 徐再荣. 1992年联合国环境与发展大会评析 [J]. 史学月刊, 2006, 06: 62-68.
[69] 俞海波. 生态环境法律制度的现状与完善策略 [J]. 人民论坛, 2010, 02: 60-61.
[70] 张春玲. 水资源恢复的补偿机制研究 [D]. 北京: 中国水利水电科学研究院, 2003.
[71] 王燕鹏. 流域生态补偿标准研究 [D]. 郑州: 郑州大学, 2010.
[72] 谢婧, 文一惠, 朱媛媛, 等. 我国流域生态补偿政策演进及发展建议 [J]. 环境保护, 2021, 49 (07) : 31-37.
[73] 俞敏, 刘帅. 我国生态保护补偿机制的实践进展、问题及建议 [J]. 重庆理工大学学报 (社会科学), 2022, 01: 1-9.
[74] 吴中全. 生态红线区生态补偿机制研究 [D]. 重庆: 西南大学, 2021.
[75] 李小强. 生态补偿制度的肇始、演进及其未来展望 [J/OL]. 重庆大学学报 (社会科学版), Doi: 10.11835/j.issn.1008-5831.fx.2021.04.002.
[76] 李国志, 张景然. 矿产资源开发生态补偿文献综述及实践进展 [J]. 自然资源学报, 2021, 36 (02) : 525-540.
[77] 靳乐山, 吴乐. 我国生态补偿的成就、挑战与转型 [J]. 环境保护, 2018, 46 (24) : 7-13.
[78] 王思博, 李冬冬, 李婷伟. 新中国70年生态环境保护实践进展: 由污染治理向生态补偿的演变 [J]. 当代经济管理, 2021, 43 (06) : 36-42.
[79] 刘桂环, 文一惠. 新时代中国生态环境补偿政策: 改革与创新 [J]. 环境保护, 2018, 46 (24) : 15-19.
[80] 马涛, 蒋雨悦. 对建立和完善我国湿地生态补偿制度的思考 [J]. 生态经济, 2017, 33 (09) : 184-187.
[81] 席晶, 袁国华, 贾立斌. 基于市场机制深化生态保护补偿制度的改革思路 [J]. 科技导报, 2021, 39 (14) : 10-19.
[82] 刘桂环, 王夏晖, 文一惠, 等. 近20年我国生态补偿研究进展与实践模式 [J]. 中国环境管理, 2021, 13 (05) : 109-118.
[83] 刘桂环, 文一惠, 谢婧, 等. 国家重点生态功能区转移支付政策演进及完善建议 [J]. 环境保护,

2020, 48 (17) : 9–14.
[84] 李雨珊. 我国生态补偿转移支付制度研究 [D] . 北京: 中国财政科学研究院, 2019.
[85] 周杰俣. 2020年我国水权交易市场进展情况和政策建议 [EB/OL] . [2021–07–25] . https: //www.bilibili.com/read/cv11527424/.
[86] 李挺宇. 大伙房水源地保护区生态补偿效益研究 [D] . 沈阳: 辽宁大学, 2019.
[87] 李克国. 对生态补偿政策的几点思考 [J] . 中国环境管理干部学院学报, 2007, 17 (01) : 19–22.
[88] 王良海. 我国生态补偿法律制度研究 [D] . 重庆: 西南政法大学, 2006.
[89] 王琪. 中央政府构建可持续发展的生态补偿体系研究 [D] . 重庆: 重庆大学, 2007.
[90] 薛森. 西部地区生态建设补偿机制研究——兼邛崃市的实证分析 [D] . 成都: 四川农业大学, 2007.
[91] 杜万平. 完善西部区域生态补偿机制的建议 [J] . 中国人口・资源与环境, 2001, 03: 119–120.
[92] 贺志丽. 南水北调西线工程生态补偿机制研究 [D] . 成都: 西南交通大学, 2008.
[93] 毛占锋. 跨流域调水水源地生态补偿研究 [D] . 西安: 陕西师范大学, 2008.
[94] 孙琳. 水源地生态补偿的标准设计与机制构建研究 [D] . 大连: 东北财经大学, 2016.
[95] 王丰年. 论生态补偿的原则和机制 [J] . 自然辩证法, 2006, 01: 31–35.
[96] 胡仪元. 生态经济开发的运行机制探析 [J] . 经济理论与实践, 2005, 05: 44–46.
[97] 吴保刚. 小流域生态补偿机制实证研究——兼论水资源保护开发和污染治理 [D] . 重庆: 西南大学, 2006.
[98] 王志风. 经济欠发达地区饮用水源地生态补偿研究 [D] . 南京: 南京农业大学, 2014.
[99] 李晓光, 苗鸿, 郑华. 生态补偿标准确定的主要方法及其应用 [J] . 生态学报, 2009, 29 (08) : 4431–4440.
[100] Daily G.C.. Nature's Services: Societal Dependence on Natural Ecosystem [M] . Washington DC: Island Press, 1997.
[101] Costanza R., D' Arge R., Groot R., et al.. The value of the world's ecosystem services and natural capital [J] . Nature, 1997, 387 (01) : 253–260.
[102] 欧阳志云, 王如松. 生态系统服务功能、生态价值与可持续发展 [J] . 世界科技研究与发展, 2000, 05: 45–50.
[103] 魏同洋. 生态系统服务价值评估技术比较研究 [D] . 北京: 中国农业大学, 2015.
[104] 谢高地, 鲁春霞, 冷允法, 等. 青藏高原生态资源的价值评估 [J] .自然资源学报, 2003, 18 (02) : 189–196.
[105] 谢高地, 甄霖, 鲁春霞, 等. 一个基于专家知识的生态系统服务价值化方法 [J] . 自然资源学报, 2008, 23 (05) : 911–919.
[106] 谢高地, 张彩霞, 张雷明, 等. 基于单位面积价值当量因子的生态系统服务价值化方法改进 [J] . 自然资源学报, 2015, 30 (08) : 1243–1254.
[107] 乔旭宁, 杨德刚, 杨永菊, 等. 流域生态系统服务与生态补偿 [M] . 北京: 科学出版社, 2016.
[108] 周一虹. 生态环境价值计量的环境重置成本法探索 [J] . 学海, 2015, 04: 109–117.
[109] 刘玉龙, 许凤冉, 张春玲, 等. 流域生态补偿标准计算模型研究 [J] . 中国水利, 2006, 22: 35–38.
[110] 吴娜, 宋晓谕, 康文慧, 等. 不同视角下基于InVEST模型的流域生态补偿标准核算——以渭河甘

肃段为例［J］. 生态学报, 2018, 38 (07) : 2512–2522.
［111］唐尧, 祝炜平, 张慧, 等. InVEST模型原理及其应用研究进展［J］. 生态科学, 2015.34 (03) : 204–208.
［112］程艳军. 中国流域生态服务补偿模式研究——以浙江省金华江流域为例［D］. 北京: 中国农业科学院, 2006.
［113］陈宁. 生态补偿标准及方式研究［D］. 广州: 华南理工大学, 2015.
［114］屈志成, 刘海平, 李兆春, 等. 京津水源地生态与水资源补偿问题［J］. 中国水利, 2006, 22: 39–41.
［115］杨光梅, 闵庆文, 李文华, 等. 基于CVM方法分析牧民对禁牧政策的受偿意愿——以锡林郭勒草原为例［J］. 生态环境, 2006, 04: 747–751.
［116］刘亚萍, 李罡, 陈训, 等. 运用WTP值与WTA值对游憩资源非使用价值的货币估价——以黄果树风景区为例进行实证分析［J］. 资源科学, 2008, 03: 431–439.
［117］赵军. 生态系统服务的条件价值评估：理论、方法与应用［D］. 上海: 华东师范大学, 2005.
［118］刘玉龙, 马俊杰, 金学林, 等. 生态系统服务功能价值评估方法综述［J］. 中国人口·资源与环境, 2005, 01: 91–95.
［119］唐增, 黄茄莉, 徐中民. 生态系统服务供给量的确定——最小数据法在黑河流域中游的应用［J］. 生态学报, 2010, 30 (09) : 2354–2360.
［120］张卫萍. 退耕还林补偿政策与农户响应的关联分析——以冀西北地区为例［J］. 中国人口·资源与环境, 2006, 06: 66–68.
［121］蒋依依, 王仰麟, 卜心国, 等. 国内外生态足迹模型应用的回顾与展望［［J］. 地理科学进展, 2005, 24 (02) : 13–22.
［122］陈磊. 新安江流域生态补偿研究［D］. 宁波: 宁波大学, 2013.
［123］Zhanli Sun, Daniel Müller. A framework for modeling payments for ecosystem services with agent–based models, Bayesian belief networks and opinion dynamics models［J］. Environmental Modelling & Software, 2013, 07: 15–28.
［124］郑云辰. 流域生态补偿多元主体责任分担及其协同效应研究［D］. 泰安: 山东农业大学, 2019.
［125］蔡艳芝, 刘洁. 国际森林生态补偿制度创新的比较与借鉴［J］.西北农林科技大学学报 (社会科学版) , 2009, 9 (04) : 35–40.
［126］王序坤. 教育成本的分担原则及其选择［J］. 教育发展研究, 1999, 05: 57–60.
［127］铁文利. 基于生态产品价值实现的水源地生态补偿机制研究［D］. 郑州: 郑州大学, 2021.
［128］史淑娟, 李怀恩, 林启才, 等. 跨流域调水生态补偿量分担方法研究［J］. 水利学报, 2009, 40 (03) : 268–273.
［129］黄雷, 何忠伟, 陈建成. 京津冀合作水源保护林生态效益补偿分摊研究［J］. 科技和产业, 2018, 18 (09) : 19–23.
［130］张国兴, 徐龙, 千鹏霄. 南水北调中线水源区生态补偿测算与分配研究［J］. 生态经济, 2020, 36 (02) : 160–166.
［131］徐志新, 郭怀成, 郁亚娟, 等. 基于多准则群体决策模型的生态工业园区建设模式决策研究［J］. 环境科学研究, 2007, 02: 123–129.
［132］詹歆晔. 滇池生态安全变化影响机制研究及评价［D］. 北京: 北京大学, 2009.

[133] 中国环境科学研究院. 湖泊生态安全调查与评估［M］. 北京: 科学出版社, 2012.
[134] 赵华安, 陈崇德. 水利工程建设施工监理安全检查及其评价方法［J］. 水电与新能源, 2020, 08: 44–48.
[135] 王凌青, 王雪平, 方华军, 等. 青藏高原典型区域资源环境与社会经济耦合分析［J］. 环境科学学报, 2021, 41 (06) : 2510–2518.
[136] 周晨, 丁晓辉, 李国平, 等. 南水北调中线工程水源区生态补偿标准研究——以生态系统服务价值为视角［J］. 资源科学, 2015, 37 (04) : 792–804.
[137] 李金昌. 价值核算是环境核算的关键［J］. 中国人口・资源与环境, 2002, 12 (03) : 11–17.
[138] 韩林婕. 基于土地利用差异的江西省生态系统服务价值研究［D］. 南昌: 江西农业大学, 2014.
[139] 王小莉, 苏婧, 陈志凡, 等. 区域生态系统服务价值评估方法及案例分析［J］. 环境工程技术学报, 2018, 8 (02) : 212–220.
[140] 张占忠, 施俊美, 瞿林, 等. 基于单位面积价值当量因子的云南省森林生态系统服务功能价值评估［J］. 林业调查规划, 2022, 47 (04) : 67–73.